江苏省「十三五」重点图书出版规划项目
江苏省省级现代服务业（新闻出版广播影视）发展专项资金项目

中国
文化植物
经典品读

纪永贵 选注

中国杏文化经典品读

南京师范大学出版社

图书在版编目（CIP）数据

中国杏文化经典品读 / 纪永贵选注 . -- 南京：南京师范大学出版社, 2021.4（2023.12 重印）
（中国文化植物经典品读）
ISBN 978-7-5651-4435-6

Ⅰ . ①中… Ⅱ . ①纪… Ⅲ . ①杏 – 中华文化 – 普及读物 Ⅳ . ① S662.2-49

中国版本图书馆 CIP 数据核字 (2019) 第 289210 号

丛 书 名　中国文化植物经典品读
书　　名　中国杏文化经典品读
丛书主编　程　杰
本册作者　纪永贵
策划编辑　张　春
责任编辑　于丽丽
环扉摄影　李成国　纪骏仪　黄　海
艺术指导　朱赢椿
装帧设计　罗　薇　杨杰芳　皇甫文
出版发行　南京师范大学出版社
地　　址　江苏省南京市玄武区后宰门西村 9 号（邮编：210016）
电　　话　（025）83598919（总编办）　83598319（营销部）　83598332（读者服务部）
网　　址　http://press.njnu.edu.cn
电子信箱　nspzbb@njnu.edu.cn
印　　刷　江苏扬中印刷有限公司
开　　本　710 毫米 ×1000 毫米　1/16
印　　张　18
字　　数　284 千
版　　次　2021 年 4 月第 1 版
印　　次　2023 年 12 月第 2 次印刷
书　　号　ISBN 978-7-5651-4435-6
定　　价　88.00 元

出版人　张　鹏

总 序

　　我国是东亚大国，地大物博，植物资源极为繁盛，是世界温带国家中植物资源最为丰富的国家。我国又是文明古国，有着无比悠久灿烂的文化。中华民族以农立国，崇尚自然，植物资源在文明发展中的意义尤为突出，形成了丰富的历史文化景观。这其中有一些植物，在我们民族物质和精神生活中发挥了极其重要的作用，留下了深长的历史印迹，积淀了丰富的文化内涵，获得了中华文明或民族文化象征的符号意义，简而言之就是对我们这个民族具有深厚的历史文化意义，我们称之为我们民族的文化植物。

　　纵观我国悠久的历史文化，堪称文化植物的主要有两类。一类是粮食和经济作物，如传统的"五谷"，尤其是其中的稻、麦、黍、稷等，还有大豆，古人常连言并称的"桑麻"，还有茶，都是我国原产，自古以来在我们民族民生日用中发挥了巨大作用，对世界也作出重要贡献，成了中华文明的重要代表。另一类则有着鲜明的观赏价值，即常被称作花木或花卉的植物。我国观赏植物资源也极为繁盛，对世界贡献良多，有着"世界园林之母"的称号。数千年的历史沃壤涵养了我们民族博大深厚的花卉文化世界，形成了特色鲜明的观赏植物品种和相应的观赏文化体系。这其中有一些植物作用特别显著，地位十分突出，便为这方面的文化植物。我们这里着力关注的就是观赏植物中最具历史文化意义的部分，即在民族思想文化和精神文明中发挥重要作用，具有精神文化经典载体意义的植物。

我们认为以下十种堪当其选，它们是：牡丹、梅、松柏、竹、兰、荷、菊、杨柳、桃、杏。

这十种植物多是我国特有、原产或我国为其原生中心之一，有着广泛的分布和悠久的栽培历史，数千年来与我们民族一路同行，以其自然而美好的形象温煦我们的生活，陶冶我们的情操，展现出婀娜多姿的历史身影，也凝汲蕴蓄了典型而深厚的人文精神。每一种植物都可谓中国文化中的生物"化石"，包含着我们民族物质、精神生活的丰富年轮，也蕴含着中华文化丰厚而美好的精神营养。精心巡览、深入解读这些植物的相关文化成果和知识宝库，不仅可以尽情徜徉这些植物无比丰富美好的历史文化迷宫，也能透过这些饶有情趣的历史景象和文化积淀，生动感受我们民族文化的活泼源流和美好境界。为此我们精心编写了这套文化普及读物，十种植物各成一册。

每种读本都精选与该文化植物相关的古代经典作品、名人名事、名句名言、著名知识掌故等宝贵资料，通过精心细致的分类编排、分篇阐述，全面、系统地展示其生物资源特性、经济应用、园艺园林、文学、音乐、绘画、工艺美术、宗教、民俗以及相应思想价值、文化意义等方面的广泛内容，文字与图像、知识与故事、史实与理论兼收并蓄，努力荟萃各领域的文化精华。这就与以往常见的文学、绘画或园艺园林等单方面作品选介迥然有别，力求形成全面、综合的历史文本和文化知识体系，充分、有机地展示相应植物文化世界的立体景观和深厚内涵。对入选的资料则进行简明、通俗的注解、阐说，扫除阅读障碍，提供知识信息，拓展认识视野，揭示思想价值，引发文化情趣，以丰富和深化相应的文化滋养和精神交流。我们选取最经典的植物，精选最经典的内容，也希望我们的解说不负这些经典。

程　杰　俞香顺

2020 年 1 月 16 日

于南京师范大学随园

前　言

杏树是中国本土原生物种。杏为中国传统"五果"之一，品类杂多，但中国杏文化的起源相对较迟。从现存文献来看，《庄子》言及的"孔子杏坛授徒"是杏文化的先声。杏坛的"杏"概念所指模糊，似指高大的杏树，也可聚焦于繁盛的花朵，或因"杏"（幸）音而生象征。

从先民的生产和生活角度来看，杏树的实用功能很早就已经被开发。杏木不材，杏果可食（食用、调味、药用），不过上古文献记载寥寥。杏花虽好，但要等到很久以后才能获得文人雅士的青睐。杏花一旦被写入诗词中，其象征意义很快就得到多方面的累积，从官方到民间，各有侧重，长盛不衰。

在传统花卉植物文化群落中，杏花不像牡丹、梅花、兰花、竹子、菊花等那样受宠，但它和桃花、李花、梨花等成为民俗世界的典型。杏花意象并未形成高大坚贞的人格象征，但它却有其他花木所不能替代的繁艳特色，构成中国花卉审美文化世界里独特的一类。

——

"杏"是象形字，甲骨文中已出现"杏"字。东汉许慎《说文解字》："杏，果也。从木。"杏的品种很多，古代社会主要从其花、叶、果的特征来判断。古籍中有

初杏花（槐下摄）

多处都提供了杏品的名单，但庞杂而不实。有"梅杏""桃杏""沙杏""奈杏""山杏"等。如明代卢之颐著《本草乘雅半偈》卷四"本经中品·杏核仁"的注释"诸杏"是一篇重要的记录杏品种的文献，也是为杏树分类的最为复杂的传统文献。记录杏词汇更丰富的文献是清代《佩文韵府》，该书提供的名单只是"韵藻"，其中有相当一部分是杏品种。古代其他类书大多都有一份杏品的名单。欧洲语言中，杏称"亚美尼亚苹果"，可见，这是杏品种从中国通过中亚再传入欧洲的历史痕迹。现代植物学分类认为，杏为蔷薇科杏属，与桃、李、樱桃等亲缘较近。杏树虽是乔木，但树龄一般难过百年。全世界杏属植物共有 10 个品种，中国有 9 个品种。中国杏果的主产区在北方，从新疆、甘肃到山西、河北、山东一线，分布着极为丰富的杏品种。

因纬度与海拔的不同，杏花开放的时段各不相同，一般来说，越往北、越往高，花期相对越迟。当今江南一带，杏花在公历三月中旬开放，其时与清明相隔还有半月之久。与梅花相比，杏花的花期相当短暂，从开苞到凋落，一般只有十天左右。所以杏花的观赏效果不占优势。在农历八月"小阳春"前后，杏花偶尔会开放。

秋杏花（槐下摄）

古人早就注意到这一现象，并赋诗歌咏其特色之美。不过，如此易逝的花朵，诗人却给予其更多的怜惜之情，赋予它与生命、美好、女性相对应的象征意义。

杏花绝大多数为五花单瓣，但古人笔下有所谓"多叶杏""百叶杏""千叶杏"，即重瓣杏花，属典型的观赏杏。杏花色泽有多种形态，这既与其品种有关，也与其生长的区域、土质和气候相关。唐代韩愈《杏花》诗说"杏花两株能白红"，从此，杏花被称为"二花"，即有红和白两种花色的特征，多在红红白白之间，红的似火，白的似雪。杏花也有香味，但它的香味与梅花相比要清淡得多，不如梅花那样沁人心脾，似在若有若无之间，甚至有一些俗气的味道。

古时候，杏树大多野生，即使被移植于房前屋后或公私庭院中，也没有形成复杂的园艺与规模的生产。杏树成长快，民间谚语所谓"桃三、杏四、李五"，是说杏树栽下四年即可开花结果。杏树本自生长于深山野坡上，也可以栽种在宫廷的院子里，但更多的杏树被移栽至村落的房前屋后，可用于民间报时、观花、食果与疗病。

二

杏的实用功能主要体现在杏果、杏仁和杏花上，杏树的木材价值不高。

杏的食用，只取杏果肉与杏核仁两部分，前者称"杏子"，后者称"杏仁"。杏子分为青杏与黄杏两个阶段。未成熟的杏果称青杏。青杏虽不能直接食用，但却有调味功能，与青梅相类。宋代初期即兴起用青梅与"煮酒"一起食用之法。如柳永《玉楼春·杏花》："假饶花落未消愁，煮酒杯盘催结子。"说的已是青杏和煮酒之事。又如苏轼《杏》："开花送余寒，结子及新火。关中幸无梅，汝强充鼎和。"寒食时节杏果初结，体形微小，酸味也未必很足，而此时，梅果已经较大，所以多用青梅煮酒。

成熟的杏果，果肉可以生食，也可以榨汁和麦面，制成醴酪。杏子虽好看，因为味酸，所以并不如桃、梨、枣等水果那样受欢迎。民间有谚语："桃养人，杏伤人。"但杏果却可以与其他食料一起配成特定的时令食品。中国杏的杏仁味苦微甘，微毒，不宜食用，主药用。甜杏仁还可以榨油。

杏仁的药用价值自古便已得到开发，杏仁是重要的传统中药材。古代药学著作对杏仁药用价值的记载源远流长。作为集大成之作的《本草纲目》，就收录了数十副杏仁入药的药方，广治肺气诸病。除了杏仁，杏花也偶可入药。

杏的实用功能，除了食用与药用之外，还有少量其他方面的应用。杏油有两类，一类用于食用，另一类用于女性化妆品，取其色彩与光滑的效果。苏轼《南乡子》："更且檀唇点杏油。"另有一品"杏花香"，虽然不是取材于杏花，但其制取的香气有"杏花韵度"，也可视为杏文化的一种延伸。

三

杏文化内涵丰富，在教育、文学、民俗、宗教与绘画等领域都有独特的表现。

杏坛是中国杏文化的开篇之作。《庄子·杂篇·渔父》有："孔子游乎缁帷之林，休坐乎杏坛之上。弟子读书，孔子弦歌鼓琴。奏曲未半，有渔父者下船而来。"

在中国文化史上，杏坛作为一个文化意象影响深远，进而引申为教坛、讲台、教育界的雅称。

在唐代形成"杏园赐宴"的文化设计，是教育向科举的延伸。"杏园赐宴"等活动起源于武则天神龙年间，唐玄宗开元年间仍然有这样的遗风，但经过安史之乱，这类活动难以赓续。唐德宗贞元年间开始实有"雁塔题名"的佳话。文人雅士如韩愈、刘禹锡、白居易、元稹、张籍等常去杏园举办宴会、游赏、送别等活动。晚唐诗人的笔下，"杏园赐宴"等成为应试者不绝于口的政治梦想，许多落第者都写有关于杏园的诗歌。杏园成为中唐之后一个重要的文学意象。

自北朝庾信《杏花》诗之后，杏花意象在中唐之后大放异彩，除了杏坛、杏园、杏林的专题寓意之外，又形成了多种新生题旨。唐宋时代，以"杏花"为题

繁杏花（槐下摄）

的诗作虽然不能与梅花意象相提并论，但也生成了庞大的写作队伍，各类杏花诗出新斗奇，并从杏花主题中逐渐分离出"杏花村""出墙杏"等独特的审美意象。司空图、王安石、陆游、杨万里、元好问等都是偏爱吟咏杏花的大诗人。

杏花的栽培地点延伸到大江南北，凡是有杏花的地方，也就因之而形成带有杏意象的具体地名，如杏花岩、杏花台、杏花山、杏花坊等，不胜枚举，杏花村是其中最著名的例子。唐宋诗词中杏花村共出现过 20 余次，南宋《景定建康志》记载了南京一个具体的地名"杏花村"。经过历代文学艺术的渲染，杏花村渐从唐宋时期的"文学意象"沉淀为明清时期的"文化杏花村"。安徽贵池杏花村成为全国诸多杏花村中文献积累丰富、与杜牧《清明》诗联系密切的杏花村。

杏花是房前屋后的常见花，自古以来就参与了民间生产与生活。杏花开时，农耕开始；杏果熟了，吃法多样。杏花因为花期较短，因而积累的民俗内涵相对集中在几个点上，如寒食杏花节俗、折花习俗、喜庆婚嫁习俗等。寒食节在唐代很受重视，因为不能生火，人们便借酒驱寒。唐代还有一种"插花"风俗，又称"簪花"。春天是士女簪花的主要时节，目的当然是为了"自拟"与"爱美"，经过诗人的渲染，唐代"簪花"主要有"杏园簪花"与"九日簪花"两种风雅。

杏文化的宗教内涵起源甚早，作为上古的"改火"之木，杏木是中土传统民间神性的重要载体之一。后来汉末董奉种植"杏林"的传说，将杏文化的宗教意涵放大化与模式化，使之成为中国杏文化中的一个重要板块。从杏林到神仙、医药等象征意义的延伸，这种观念深入社会的各个阶层。杏林后来成为名医、良医、神医、中医、医学界的美好代称，民间还产生了"杏林春暖""誉满杏林""杏林高手"等相关熟语。

杏花意象在唐代被诗人发现之后，晚唐五代的杏花绘画随之登场。如徐熙、赵昌、赵佶、马远、管道昇、沈周、唐寅、恽寿平、邹一桂等历代画家都有《杏花图》传世。这些画品从不同角度展示了杏花丰富多姿的神采，是杏文化发展最直观的历史见证。近现代的画家吴昌硕、于非闇、李可染、钱松嵒、宋文治等也爱画杏花，手法更显夸张，突出表现了杏花如燃的繁盛特征。

四

杏花的色彩在红白之间，红有红的艳丽，白有白的清纯。杏花繁盛，浓情烈绪；杏花易落，寡义薄情。雨中杏花朦胧态，墙头杏花照影斜。杏花被拟人化，成为多情、轻薄女子的象征，这与它的花色特征相呼应，更是文人情感世界的微妙展露。

杏花的形象特征非常丰富，它们往往成为诗人词客笔下最受关注的焦点，这些诗词作品同时也构成了杏花意象价值意义最直接的展示平台。诗人的笔下，有"杏花红""杏花乱""杏花飞""杏花烟""杏花寒""杏花影""杏花霜""杏花娇""杏花香""杏花繁""杏花稀""杏花雪""红杏闹""杏花疏""杏花肥""杏花风"等不同的审美趣味。这些趣味与杏花的形、色、香、态相关联，共同营造出杏花娇美易逝、形繁态艳的独特形象。

经过千余年的累积，杏花意象逐渐形成多种象征意蕴，如情爱、家乡、知己与悼亡等主题。首先是女性与爱情。将花与女性互证是人类审美的共识，不同花色对应不同品性的女子。杏花因为具有"艳性""野性""红杏出墙"等人为赋予的特性，在文人的笔下，最后被定格为活泼可爱、自由浪漫、感情炽热女子的象征。其次是家乡。杏花为什么可以成为家乡的象征？因为"村中杏花白""牧童遥指杏花村""屋头初日杏花繁""杏花开半村"等，杏花与农耕、寒食、饮食等民间生活关系密切，离家者见杏花倍思亲，亡国者"北行见杏花"而思故国。再次是知己。杏坛、杏花可以成为知音的象征，表现在男性的功名与友情，女性的自拟等方面。元好问诗句"一生心事杏花诗"就是绝好的写照。此外，杏花还有一层关于悼亡的象征。杏花与悼亡关系的建立，是唐代诗人孟郊的首创，当然，这也与杏花花乳脆弱易逝的生物特性相关。孟郊《杏殇》诗独开了杏文化园地里一个孤僻而沉痛的象征。

对于杏花的形态特征，还可以借助其他相关物类来映衬和烘托，一类是花木，另一类是鸟虫。

梅与杏，是一对如影随形、难解难分的中国花卉，形成"梅杏争春"的主题。无论是在历史上，还是在生活中，不仅"北人不识"梅，当作杏花看，南人也常弄错。梅花与杏花，时令相近，花叶相似，果实相类，所以才不易分辨。"桃杏争春"的主题在唐代即已出现，它们争的只是颜色的深浅、时令的先后，而非品格的高下，因为宋代以来，"杏俗桃艳"的观念把它们归为档次较低的一类，即所谓"红杏可婢桃可奴"。杏花与杨柳也是自然天成的一对文学意象，因为时令相同，且有红与绿的色差，诗人词客特别喜欢将之连对称诵。

诗人的笔下，与杏花成对出现的鸟类也有很多。有的是人为的比照，比如杏花与白鹅、白鹇、白鸽的同出，而更多的则是自然现象。"红杏枝头春意闹"，真正产生"闹"效果的是一群鸟虫，有莺、燕、鸠、杜鹃、伯劳、鹦鹉、鸳鸯、喜鹊、蜂、蝶等。黄莺（鹂）鸟是杏花枝上的常客，是"春意闹"的主角，成为杏花首要的诗意伴侣。莺鸟与杏花是一动一静的美学表现。杏花开时燕子来，杏花红燕子黑，杏花无语燕呢喃，杏花泥作燕子巢——这些都是杏花与燕子作为审美伴侣的成因。鸠与杏的文学比类，是从自然到人文的天然转换。鸠鸟喜欢在杏花枝上鸣叫，尤其是爱在雨前雨后叫唤，所以形成了"鸠声唤雨"的主题，鸠因此被称为"雨候"。

杏花，以其如梦如幻的花期、如火如荼的色彩、若有若无的清香，终成春雨江南的宠儿。在它最美丽的时刻，尽情开放，刻意闹腾；风雨来袭，一朝飘逝，零落枝头褪残红。功名富贵花，飘落到谁家；红杏出墙来，墙外行人嗟。然而，又是一年芳草绿，依然十里杏花红。这是它的风采，也是它与生俱来的唯美伤感的格调。

本书由杏文化研究学者、池州学院纪永贵教授撰著。全书从历代文献中深入搜罗、甄别、精选杏文化各个方面的文史资料，然后注释、品析、插图，涉及种植、饮食、教育、文学、绘画、民俗、宗教等诸领域，尤其就杏花古画，搜采甚勤。一册在手，不唯花色丰艳，更兼寓意深厚，是一本多层次、多角度、系统化的中国杏文化读本。所用史料出自《艺文类聚》《文苑英华》《太平御览》《古今事文类聚》《全芳备祖》等类书，诗词资料选自《全唐诗》《全宋诗》《全宋词》等总集以及今人整理的古人别集。对当下杏园艺、杏文化研究成果也偶有引用，文中均略作交代，然受全书体例所限，未能一一详注之。面对丰富多姿的中国杏文化，本书虽欲言而有据、言之有物、知无不言，然纸短情长，力有未逮，难免意犹未尽，愿读者诸君明鉴之。

目 录

植物特性篇 —————————————————————

社会应用篇 —————————————————————

文化风貌篇

价值意义篇

一、神韵特征

二、象征意义

（一）情爱

（二）家乡

植物特性篇

杏为中国传统"五果"之一，品类杂多。杏树耐寒，原生北方，栽培技术简易，但未形成规模生产，渐成村落庭院、房前屋后的观花与采果树种。

从文化史的角度来看，杏文化起源相对较迟，《诗经》《楚辞》里都没有提到杏意象，《庄子》首出的“杏坛”是杏文化的源头。但这并不表示其时杏树没有出现在人们的生产与生活中，杏很早就跻身于传统“五果”之中，是杏文化发展的重要农学前提。不过，先秦时期，古人对杏树的植物特性了解甚少，能够对杏树品种进行分类要到宋代时期。杏树天然野生，但栽培、移植杏树的经验却产生较早，如《管子・地员》中“沃土宜杏”之说就是较早的关于杏树栽培的观念。

一、本草

在中国古代文献中，“杏”字的出现比较迟。虽然早有研究者指出，甲骨卜辞中已有疑似“杏”字，但我们见到的早期纸本杏文献大多出自战国以后。如《夏小正》云:“四月，囿有见杏。”《礼记·内则》提到的10多种水果中，就有杏。《庄子·杂篇》提到过孔子坐杏坛讲学的往事。《山海经·中山经》记载:“其下有草焉，葵本而杏叶，黄华而荚实，名曰箨。”这里只是说某种草的叶子像杏叶。又说:“又东北三百里曰灵山，其上多金玉，其下多青雘，其木多桃、李、梅、杏。”《太平御览・果部》引《山海经》云：“灵山之下，其木多杏。”

从汉魏南北朝文献来看，杏树的形象比较模糊，人们将最早具有辨识意义的树种称作文杏。如《太平御览》引《西京杂记》说：“上林有文杏（材有文彩）、蓬莱杏（东海都尉于台献一株，花杂五色六出，云是仙人所食者）。”但实际上这里的文杏是指银杏，并不是杏。不过，后代的咏杏诗词中，有时也称杏为文杏。

据现代植物学的观点，杏为蔷薇科杏属，与桃、李、樱桃等亲缘较近。原变种为乔木，高5米到8米，最高可达12米，是中国著名的观赏树木。古罗马普林尼《博物志》已提到杏，称其为“亚美尼亚苹果”（Prunus armeniaca）。事实上，杏原生于中国，后经中亚传到西方。

据美国人赫西著、沈德绪译《桃、李、杏、樱桃育种进展》（农业出版社1980年版）、杨庆山等编著《鲜食大杏》（河南科学技术出版社2001年版）、邵建柱等编著《杏和李高效栽培教材》（金盾出版社2005年版）等植物学图书和网络信息资源可知，全世界杏属植物划分为 6 个地理生态群和 24 个区域性亚群，共有 10 个品种。中国有 9 个品种，即普通杏、西伯利亚杏、辽杏、紫杏、志丹杏、政和杏、李梅杏、藏杏、梅杏。栽培品种近 3000 个，以普通杏种分布最广。目前，中国杏的主要栽培品种，按用途可分为以下三类。

第一，食用杏类：果实大形，肥厚多汁，甜酸适度，着色鲜艳，主要供生食，也可加工用。在华北、西北各地的栽培品种约有 200 个以上。按果皮、果肉色泽约可分为三类：果皮黄白色的品种，如北京水晶杏、河北大香白杏；果皮黄色的品种，如甘肃金妈妈杏、山东历城大峪杏和青岛少山红杏等；果皮近红色的品种，如山西永济红梅杏和清徐沙金红杏等。这些都是优良的食用品种。

第二，仁用杏类：果实较小，果肉薄。种仁肥大，味甜或苦，主要采用杏仁，供食用及药用，但有些品种的果肉也可干制。甜仁的优良品种，如河北的白玉扁、龙王扁、北山大扁等。苦仁的优良品种，如河北的西山大扁、冀东小扁等。

第三，加工用杏类：果肉厚，糖分多，便于干制。有些甜仁品种，可肉、仁兼用。例如新疆的阿克西米西、克孜尔苦曼提、克孜尔达拉斯等，都是鲜食、制干和取仁的优良品种。

杏的常见栽培并可供观赏的树种，主要类型有垂枝杏和斑叶杏。著名品种主要为肉用型，如金太阳、凯特杏、红丰杏、新世纪杏、大棚王。

据统计，杏产量以西班牙为最多，其次是伊朗、叙利亚、美国、法国、意大利等国。近年来，中国新建了一批杏产基地，如河北巨鹿、广宗的串枝红杏基地，山东招远的红金榛杏商品基地，张家口大扁杏商品基地，北京的水晶杏基地，山东崂山关爷脸杏基地，山西阳高京杏种植基地，山东历城红荷苞基地，河南渑池仰韶红杏基地，陕西华县大接杏基地，甘肃敦煌李光杏基地和新疆英吉沙杏基地等。

诸　杏[1]（节选）

[明] 卢之颐《本草乘雅半偈》[2]

诸杏，叶皆圆而端有尖，二三月开淡红色花，妖娆艳丽，比桃花伯仲间[3]，亦可爱也。故骚人咏物，与梅并言，则曰"梅杏"，盖取其叶之似也；与桃并言，则曰"桃杏"，盖取其花之近也。有叶多者、黄花者、千瓣者，单瓣者结实，实甘而沙曰"沙杏"，黄而酢曰"梅杏"，青而黄曰"柰杏"[4]。金杏大如梨、黄如橘。《西京杂记》载："蓬莱杏花五色。"北方有肉杏，赤大而扁曰"金刚拳"，有曰杏熟时色青白，入药宜山杏，收取仁用。

【注释】 [1]这一段是明代卢之颐著《本草乘雅半偈》卷四"本经中品·杏核仁"的注释。题目为编者所加。 [2]卢之颐：字子繇，钱塘（今浙江杭州）人。明代医家，历时18年编成《本草乘雅》一书。书成逢明末兵乱而散失，后作者追忆旧作，约只得原书之半，乃名为"本草乘雅半偈"，共载药365种，以应周天之数。原书未分卷，后世著录为十、十一、十二卷。 [3]伯仲间：相当，相似，不相上下。 [4]柰(nài)：古书上指一种类似花红的果子。文人常以"柰园"与"杏坛"并称，后来以"柰园"代佛寺。

【品析】 这是有关杏树分类的最为复杂的传统文献，其中还讲述了分类的依

杏花（李成国摄）

据。全文提到梅杏、桃杏、叶多杏、黄花杏、千瓣杏、单瓣杏、沙杏、奈杏、金杏、蓬莱杏、肉杏、金刚拳、山杏等十多个种类名称，并分别根据叶形、花色、花瓣、果实、肉质、药用等标准而命名。叶多杏类似诗人笔下的"千叶杏"，山杏即野杏。

明初陶宗仪《说郛》卷一百零四曾引北宋周师厚《洛阳花木记》记载："杏之别十六。金杏、银杏、水杏、香白杏、缠金杏、赤颊杏、真大杏、诈赤杏、大绯杏、撮带金杏、晚红杏、黄杏、方头金杏、千叶杏、黑叶杏、梅杏。"

清康熙年间汪灏编《广群芳谱》卷五十四记录的杏种类有："金杏、白杏、沙杏、梅杏、奈杏、金刚拳、木杏、山杏、巴旦杏，又有赤杏、黄杏、蓬莱杏。"

记录杏词汇更丰富的文献是清代《佩文韵府》，该书卷五十三提供的名单只是"韵藻"（押韵的词藻典故），其中有相当一部分是杏品种，略如文杏、大杏、红杏、牛山杏、梅杏、枣杏、银杏、海杏、冬杏、柳杏、木杏、金杏、山杏、绯杏、白杏、生杏、肉杏、桃杏、野杏、绿杏、檀杏、蕊杏、小杏、坛杏、丹杏、溪杏、蜜杏、棠杏、巴旦杏等。这些所谓杏类品名，都不是从实物考察出发，而是从历代诗文中辑录而来，缺乏现实指导意义。古代其他类书也大多都有一份杏品的名单。

有关杏的本草分类，标准不多，无非以叶、花、果的形状与色彩来区分。现代杏的分类参考了这些传统文献，主要从植物学的种属角度来定名，并对其进行了一定的简化。

[明] 卢之颐《本草乘雅半偈》卷四"诸杏"书影

碧涧驿晓思

[唐]温庭筠[1]

香灯伴残梦，楚国在天涯。月落子规歇，满庭山杏花。

【注释】 [1]温庭筠（约801—866）：本名岐，字飞卿，太原（今山西太原西南）人。其诗与李商隐齐名，称为"温李"。又是晚唐"花间词派"的主将，词风浓绮艳丽，与韦庄合称"温韦"。有《温飞卿诗集》。

【品析】 山杏是一个品种，因它生长在山间而得名，身价自然比不上长安城杏园里的杏树，也比私家园林、村头桥边的杏树更显孤寂。若不是诗人偶然发现，它只能自个儿在那里"纷纷开且落"（王维诗）。诗人在这首诗中描述"山杏"时，似乎是在异乡野外结识了一个知己、一个不带世俗风尘而精神能与之相通的高士。

唐诗中的山杏意象并不多见，如刘方平《望夫石》："佳人成古石，藓驳覆花黄。犹有春山杏，枝枝似薄妆。"写的正是山野里无人照看的山杏花，但诗人赋予它一项光荣的任务：为因望夫而化成石头的佳人提供薄妆。白居易的山杏诗也非常明快媚眼，如"乱点碎红山杏发""最忆东坡红烂熳，野桃山杏水林檎"。此外，还有韦庄的《春日》诗云："忽觉东风景渐迟，野梅山杏暗芳菲。"

在唐宋诗人笔下，将"野桃""山杏"或"野杏""山桃"连称的情况时有，如雍陶《过旧宅看花》："山桃野杏两三栽，树树繁花去复开。"齐己《放猿》："堪忆春云十二峰，野桃山杏摘香红。"也有人将山杏称为"溪杏"，如欧阳修《丰乐亭小饮》："山桃溪杏少意思，自趁时节开春风。"宋代之后，山杏意象在诗词中出现的频率更高，反映出文人求友释怀的孤高品质。

永城杜寺丞大年暮春白杏花

[宋]梅尧臣[1]

孤素发残枝[2]，非关比众迟。殷勤胜菖叶[3]，重叠为农时。

【注释】 [1]梅尧臣（1002—1060）:北宋诗人。字圣俞,宣州宣城（今属安徽）人, 宣城古称"宛陵", 世称"宛陵先生"。与苏舜钦齐名, 时号"苏梅", 又与欧阳修并称"欧梅"。有《宛陵集》。 [2]孤素：清一色的白杏花。 [3]菖叶：菖蒲的叶子。

【品析】《说郛》卷六十一引晋代郭义恭的《广志》载："荥阳有白杏, 邺中有赤杏、有柰杏。"韩愈《杏花》诗说"杏花两株能白红"。杏花的色泽比较丰富, 即使是长在一起的几棵杏树, 其花色也往往浓淡不一, 大抵介于白色与红色之间。有的纯白,"皓若春雪团枝繁"（欧阳修诗）；有的深红,"杏花烧空红欲然"（赵蕃诗）；有的是"红红白白", 如"白白红红两不真""白白红红一村春""看到红红白白时"（杨万里诗）。杨万里《咏杏五绝》诗还说："道白非真白, 言红不苦红。请君红白外, 别眼看天工。"

白杏也指果实。《广群芳谱》卷五十四记载："白杏, 熟时色青白, 或微黄, 味甘淡而不酢。出荥阳。"

三月二十日多叶杏盛开[1]

[宋] 苏轼[2]

零露泫月蕊[3], 温风散晴葩。春工了不睡, 连夜开此花。芳心谁剪刻, 天质自清华。恼客香有无, 弄妆影横斜。中山古战国, 杀气浮高牙。丛台余袨服[4], 易水雄悲笳[5]。自从此花开, 玉肌洗尘沙。坐令游侠窟, 化作温柔家。我老念江海, 不饮空咨嗟[6]。刘郎归何日[7], 红桃烁残霞。明年花开时, 举酒望三巴[8]。

【注释】 [1]多叶杏:又称千叶杏,重瓣杏花。 [2]苏轼（1037—1101）:字子瞻, 号东坡居士, 眉州眉山（今属四川）人。北宋著名文学家、书画家。诗文有《东坡七集》等。词集有《东坡乐府》。 [3]泫（xuàn）:水珠滴下的样子,多指眼泪。月蕊：像满月形状的花蕊。 [4]丛台：指河北邯郸。袨（xuàn）服：黑色礼服, 指武士之服。 [5]这一句说的是荆轲渡易水。 [6]咨嗟:叹息。 [7]刘郎:刘晨。

杏花花蕾（黄海摄）

刘义庆《幽明录》记刘晨、阮肇天台山遇仙女而成仙的故事。 [8]三巴：巴郡、巴东、巴西的合称，即今天巴蜀一带。这一句下有作者自注："盖欲请梓州而归也。"可见诗人希望回到家乡去任职。

【品析】 诗人因多叶杏夜间开放而引发满腔的愁绪，此诗有一气呵成、气势压人的节奏。将柔弱的杏花与燕赵悲歌之士相联系、吟咏，在历代杏花诗中罕见。原因是，诗人创作此诗时，正是"赴端明殿学士兼翰林侍读学士、充河北西路安抚史兼马步军都总管、知定州军州事任。九月出京，十月到定州任"。定州即古中山国之地，今属河北省。突然开放的杏花，引发诗人对侠客与仙客的向往，他希望很快回归故里，免却人世纷争的烦恼。

多叶杏是重瓣花，不同于南方的娇杏。第一句中的"月蕊"是非常形象的比喻，多叶杏的花形像满月的形状，说明花瓣饱满密实，所以诗人才对花发问"芳心谁剪刻"，这样复杂的花瓣不是一般的工匠可以完成的，只有"春工"才能胜任。诗人用这些"隐语"展示了多叶杏的风姿。

行阙养种园千叶杏花[1]

[宋] 杨万里[2]

不信东皇也有私[3]，如何偏宠杏花枝。于中更出红千叶，且道此花奇不奇。

【注释】 [1]原诗有二首，这是第一首。行阙：行宫。养种园：在南京。南宋曾极《金陵百咏·养种园》："百花堂里赏芳菲，江左羁臣泪溅衣。肠断上林桃李树，春风一半未全归。" [2]杨万里（1127—1206）：南宋诗人。字廷秀，号诚斋，吉水（今属江西）人。 与陆游、尤袤、范成大并称为"南宋四大家"。其诗语言浅近，清新自然，称"诚斋体"，著有《诚斋集》。 [3]东皇：东皇太一神，即春神，指东风。

【品析】 千叶杏是杏的一个品种，但千叶杏不是指杏树的叶子多，而是因重瓣花而得名，指杏花花瓣数量较多，称名"千叶杏""百叶杏""多叶杏"等。

宋人已发现千叶杏分布很广。秦岭南麓的剑州有千叶杏，如南宋初邵博《闻见后录》卷二十九记载："予尝春日经夷陵，山中多红梨花。……又有得千叶杏花于剑州山中者，在《洛阳花木谱》中无之，亦奇产也。"南京附近也有千叶杏，如南宋周文璞《玉晨观二首》之二记载："羽扇临玄寺，霓衣上醮坛。九枝松叶冷，千叶杏花寒。"玉晨观位于今江苏句容附近的茅山。

从杨万里这首诗来看，千叶杏树的花瓣颜色偏红。这组诗的第二首说："白白红红两不真，重重叠叠是精神。"可见花瓣繁多，有"重重叠叠"的视觉效果，所以他不禁发出感叹：你说此花奇不奇！

李时珍《本草纲目》说："诸杏叶皆圆而有尖，二月开红花，亦有千叶者，不结实。"千叶杏的重瓣源于花的自然变异，花色好看但不结实，这就有如千叶桃，也不结实。

二十八日行香即事

[宋] 项安世[1]

晓市众果集，枇杷盛满箱。梅施一点赤，杏染十分黄。青李不待暑，木瓜宁论霜[2]。年华缘底事，亦趁贩夫忙。

【注释】 [1]项安世（1129—1208）：字平父，号平庵，其先括苍（今浙江丽水）人，后家江陵（今属湖北），南宋经学家。著有《周易玩辞》。 [2]宁（nìng）：难道。

【品析】 这是难得一见的集中描写集市瓜果的诗，点到了枇杷、梅子、杏子、李子、木瓜等"众果"。梅子红，杏子黄，李子青，木瓜白，可谓琳琅满目，色彩斑斓。杏子已是"十分黄"，说明已经熟透，可以上市叫卖了。

展示众果之后，诗的结尾说了一句意味深长的话：年华就像流水一样容易逝去，你看那卖水果的营生，那才叫充实呢！果子熟了，要及时卖鲜，不忙一点，果子很快就会腐烂，所以看到水果贩子的那种生活，不由得让人发出珍惜时光的感慨。

从唐代开始，诗人就已关注杏果的颜色。如杜甫《竖子至》："楂梨且缀碧，梅杏半传黄。小子幽园至，轻笼熟奈香。"这首诗也提到了楂、梨、梅、杏、奈等五种水果，不过除了奈（花红）已成熟之外，梅杏才半黄，而楂、梨还是青的，说明此时是暮春时节。温庭筠有诗："融蜡作杏蒂。"蜡，指代黄色，后世有黄蜡、蜡黄、蜡梅等词。宋诗的黄杏就更多了。如北宋梅尧臣《李审言遗酒》："当街卖杏已黄熟，独堆百颗充盘筵。"苏轼《携妓乐游张山人园》："大杏金黄小麦熟。"李廌《题唐洲东寺访友人不值诗》："鹁鸠一声春欲去，雨催新杏渐娇黄。"南宋章甫诗："客舍雨余梅杏黄，忆君著书看屋梁。"陈著有诗："邂逅未可期，梅杏黄已饱。"

杏子成熟自然黄，但另有一种黄杏，也称金杏。如晚唐

日藏本《说文解字》"杏"字书影

段成式《酉阳杂俎》卷十八记载："济南郡之东南有分流山，山上多杏，大如梨，黄如橘。土人谓之汉帝杏，亦曰金杏。"

浑源望湖川见百叶杏花 [1]

[金] 元好问 [2]

儿时忆向西溪庙，丹杏曾看百叶花[3]。今日山中见双朵，自怜憔悴老天涯。

【注释】 [1]原诗有二首，这是第二首，原注："陵川西溪二仙庙有百叶杏两株，在殿前。"浑源，在今山西大同。陵川，在今山西晋城。 [2]元好问（1190—1257）：字裕之，号遗山，世称"遗山先生"，秀容（今山西忻州）人，金末元初著名文学家、史学家。有《遗山集》。 [3]看：读平声。

【品析】 百叶杏、千叶杏原是一物，都是重瓣杏花，即所谓"百叶花"。诗人儿时就已认得，但后来见过不多，说明这种杏非常罕见。多年以后，诗人又在山中看到，一下子勾起了陈年记忆，花还是那样的花，而他早已经历无数，心已憔悴，身老天涯。

另一首写道："四月山泉冻未开，东君才为挽春回。多情丹杏知人意，留着双华待我来。"二首中都提到"丹杏""双朵"或"双华"，可知百叶杏开的是重瓣红花。四月才开花，说明百叶杏的花期比常见的单瓣杏花要迟。花期迟，或为北方天气的缘故。

三姝媚 [1]

[宋] 张炎 [2]

芙蓉城伴侣。乍卸却单衣，茜罗重护[3]。傍水开时，细看来浑似，阮郎前度[4]。记得小楼，听一夜、江南春雨。梦醒箫声，流水青蘋，旧游何许。　谁剪层芳深贮。便洗尽长安，半面尘土。绝似桃根，带笑痕来伴，柳枝娇舞。莫是孤村，试与问、酒家何处。曾醉梢头双果，园林未暑。

【注释】 [1] 原词有小序："海云寺千叶杏二株，奇丽可观，江南所无。越一日，过傅岩起清晏堂，见古瓶中数枝，云自海云来，名芙蓉杏。因爱玩不去，岩起索赋此曲。" [2] 张炎（1248—1314后）：字叔夏，号玉田，又号乐笑翁。临安（今浙江杭州）人，南宋著名词人。著有《山中白云词》。 [3] 茜罗：绛红色的薄丝织品。 [4] 阮郎：南朝刘义庆《幽明录》曾记载"刘晨、阮肇天台山遇仙女而成仙"的传说，后世称其二人为刘郎、阮郎。

【品析】 芙蓉杏即千叶杏，为重瓣杏花，因外形似"微缩"芙蓉花而得名。南宋祝穆《方舆胜览》称："海云寺有千叶杏二株，名芙蓉杏。钱唐张叔夏见之，称其奇丽，江南所无，为填《三姝媚》词。"张叔夏即南宋张炎。海云寺在元大都（今北京），南宋灭亡后，张炎曾北游燕赵。芙蓉杏是北方杏花，为"江南所无"。

上片"乍卸却单衣，茜罗重护"一句是巧妙的双关写法：表面上写乍暖还寒的天气，词人刚脱下单衣，又要穿上夹衣御寒；深一层是说，单瓣杏花刚刚凋谢，重瓣杏花又接着开放。由此可知，千叶杏的花期比一般杏花略迟。下片"谁剪层芳"一句再次描摹了芙蓉杏的重瓣特征，"层芳"即多重花瓣。

巴旦杏

[明] 李时珍《本草纲目》[1]

巴旦杏，出回回旧地，今关西诸土亦有[2]。树如杏而叶差小，实亦尖小而肉薄。其核如梅，核壳薄而仁甘美。点茶食之，味如榛子，西人以充方物。

【注释】 [1] 选自明代李时珍《本草纲目》卷二十九。李时珍（1518—1593）：字东璧，蕲州（今湖北蕲春）人，明代著名医药学家。著有《本草纲目》。[2] 关西：嘉峪关以西，指中亚一带。

【品析】 巴旦杏是明清时代对杏的一种称名，记载说明是从西域传播而来，又称"八担杏"或"八丹杏"。李时珍已知其并非杏树，所以说"树如杏而叶差小"。巴旦杏今称巴旦木（巴旦姆、巴达木），为新疆维吾尔语名称，"Badam"是"内核"的意思。汉语"巴旦木"是"Baadaam"一词的音译，其果实称"巴旦杏"。目

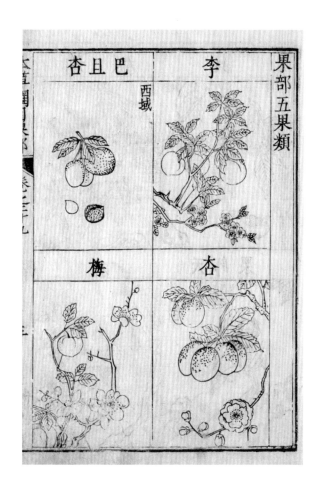

[明]李时珍《本草纲目》卷五十二
附图"杏""巴旦杏"书影

前全球巴旦杏主产区在美国加利福尼亚州,俗称其为"美国大杏仁"。此外,如印度、巴基斯坦、伊朗以及中国新疆等国家与地区均种植巴旦木。

清代王士禛《香祖笔记》卷一引《异物汇苑》记载:"巴旦杏,出哈烈国,今北方皆有之。京师者,实大而甘。山东者,实小肉薄,少津液,土人贱之不食,独其仁甘,可以佐菹。"哈烈国在中亚一带,可见这种杏是外来物种。因为这样的历史原因,国人常把巴旦杏和杏仁混为一物,其实巴旦木和杏仁是两种不同的坚果。巴旦杏是扁桃的内核,即扁桃仁,杏仁则是杏果的内核,扁桃和杏是两种不同的植物。

二、栽培

古时候，杏树大多野生，即使被移植于房前屋后或公私庭院中，也没有形成复杂的园艺与规模的生产，所以杏树的种植栽培几乎都是个别的行为。因杏树野生，多从民间移植禁苑中，如南宋方岳《杏》诗说："马令园中本，移来村墅中。"

三国时的董奉在庐山大规模种杏是一个特例："使人重病愈者，使栽杏五株，轻者一株，如此数年，计得十万余株，郁然成林。"这个故事被载入《神仙传》，已经神化，不在凡人之列。南朝任昉《述异记》曰："杏园洲，在南海中，洲中多杏。海上人云：'仙人种杏处。'汉时，尝有人舟行遇风，泊此洲五六日，食杏，故免死。云，洲中别有冬杏。"这种说法也颇怪异，不合常情。从以下诗文可见凡人种杏的历史痕迹。

沃土宜杏 [1]

[春秋]《管子》[2]

五沃之土 [3]，其木宜杏 [4]。

【注释】 [1]题目为编者所加。 [2]管仲（约前723—前645）：姬姓，管氏，名夷吾，字仲，颍上（颍水之滨）人，春秋时期法家代表人物。传为《管子》作者。此语出自《管子·地员第五十八》。学者夏纬瑛《管子地员篇校释》说："从著作时代来说，当在周秦之际。" [3]五沃之土：沃土。夏纬瑛认为："就是现在那种藏有蚯蚓的土。有蚯蚓的土，是很肥沃的。" [4]引自《艺文类聚》卷八十七"果部下"。

【品析】 这句话是说，肥沃的土地适宜栽种杏树。这是今存最早的关于杏树栽培的文献，语义虽然简单，但包含着重要的历史信息，说明在先秦时代，北方已经开始栽培杏树，并且关注栽培所需要的自然条件。

《艺文类聚》所引《管子·地员》的文字，不是原文，已经做了大段删节。原文是："五沃之土，若在丘在山，在陵在冈；若在陬、陵之阳，其左其右，宜彼群木。桐柞枎櫔，及彼白梓；其梅其杏，其桃其李，其秀生茎起；其棘其棠，其槐其杨，其榆其桑，其杞其枋，群木数大，条直以长。其阴则生之楂藜。其阳则安树之五麻，若高若下，不择畴所。"这是一段非常重要的记载上古植物栽培的文献，提到的"群木"有材树、果树、作物等数十种，并交代了这些植物的种植方法与生长形态。沃土可以种植"梅、杏、桃、李"等果树，有"秀生茎起"的效果，虽然培植的不只是杏树一种，但是已大大拓展了我们关于杏文化的眼界。

魏郡好杏[1]（节选）

[三国·魏] 卢毓《冀州论》[2]

魏郡好杏[3]，常山好梨[4]，房子好绵[5]，河内好稻[6]，真定好稷[7]，中山好栗[8]，地产不为无珍也。

【注释】[1]引文出自卢毓《冀州论》，载严可均《全上古三代秦汉三国六朝文》之《全三国文》。题目为编者所加。 [2]卢毓（183—257）：字子家，涿郡（今河北涿州）人，三国时代曹魏大臣。成语"画饼充饥"就是魏明帝曹叡让卢毓举荐人才时提到的。[3]魏郡：东汉时，辖十五县，郡治在邺，属冀州。辖境相当于今河南安阳，河北邯郸及山东冠县、莘

[清] 徐玟《杏花双鹊》（局部）

县等地。 [4]常山：古郡名，今河北石家庄一带。 [5]房子：古县名。三国魏时，房子属常山郡，且为郡治。 [6]河内：古郡、县名，今河南沁阳。 [7]真定：古县名，今河北正定。 [8]中山：古郡、国名，今河北定州。

【品析】 这段文字虽然出自一篇文学作品，但关于地方特产的介绍让人印象深刻。因为受自然条件、经营模式、风俗习惯、人文偏好等因素的影响，各地形成了相对有别的特产。杏、梨是水果，稻、稷是粮食，绵是织物，这段文字罗列了各地的优势作物。

魏地有杏，史有记载。《太平御览》引东汉王逸《荔枝赋》曰："魏土送西山之杏。"胡安道《黄甘赋》曰："越魏都之赤杏。"胡安道即胡济，三国时为蜀官。朱超石《与兄书》曰："光武坟边杏甚美，今奉送其核。"光武帝墓称原陵，在今河南的孟津县。以上几处"魏地"虽与"魏郡"有别，但杏生北方却是事实。

殿前杏 [1]

[宋] 李昉等《太平御览》[2]

《洛阳宫殿簿》曰："明光殿前杏一株，显阳殿前杏六株，含章殿前杏五株。"

【注释】 [1]题目为编者所加。即宫殿前的杏树，或称门前杏。 [2]选自北宋李昉等编《太平御览》卷九百六十八"果部五"。

【品析】 帝王殿前所植之树，往往具有象征意味。一般来说，松、柏、槐这些具有重要政治寓意的植物是常见的，另外还会广植异木奇草，如此一来宫殿就像是一片人造的原始森林。这就像东汉张衡《西京赋》中描写的上林苑："林麓之饶，于何不有？"

宫殿前为什么种植杏树？杏树是乔木，花开璀璨，恰有《西京赋》所谓"吐葩扬荣，布叶垂阴"的效果。同时，杏树还有一层神秘功用：用作社树与改火之木。古代封土为社，东南西北各随其地所宜种植树木，树木因此成为土地神的化身。又因"夏取枣杏之火"，杏树又成为夏季的改火之木，这样杏树的神秘身份便得到确认，皇家宫殿前种杏就有了理论根据。

唐代欧阳询编《艺文类聚》卷八十七中《西京杂记》载："上林苑有文杏，谓有文彩也。又曰：上林苑有蓬莱杏。"这些关于皇家上林苑中杏的记载，都可视为对皇权神性特征的夸饰。

宫殿门前空间有限，杏树又是乔木，一般只能栽种几棵。官员的私家园林就不同，有的种植杏树的规模很大。如清人编《元明事类钞》卷三十五转录《春明梦余录》载："元董宇定杏花园，在上东门外，植杏千余株。至顺辛未，诸名士宴集于此，皆有诗，虞集为之记。"可见规模之大。明代画家谢环画的著名的《杏园雅集图》，即描绘了官员们在大臣杨荣家杏园中聚会的情景。

酒泉子

[唐] 司空图[1]

买得杏花，十载归来方始坼[2]。假山西畔药阑东[3]，满枝红。　旋开旋落旋成空，白发多情人更惜。黄昏把酒祝东风，且从容。

【注释】 [1] 司空图（837—908）：字表圣，自号知非子，河中（今山西永济）人，晚唐诗人、诗论家。有诗论《二十四诗品》，但近年有人对此书著作权提出异议，认为该文是元代以后的著作。　[2] 坼（chè）：开裂，开花。　[3] 药阑：药栏，庭园中芍药花的围栏，亦泛指一般花栏，如白居易《凉夜有怀》："暗凝无限思，起傍药阑行。"

【品析】 诗人买了一棵杏树苗，悉心栽培，经过十年的成长，杏花才得以开放。用十年时间培养的杏花，出落得如此水灵，可是可恶的东风，一夜之间便夺去了她的青春容颜，怎不叫人伤痛！所以只好请东风喝一杯，交个朋友吧，请不要再摧折这些娇美的生命。

看花容易种花难，一夜风吹即消亡。付出与收获之间的巨大落差令诗人惆怅难解。不过，一般杏树不用十年就能开花。民间有谚语说："桃三杏四李五。"杏树栽下四年即可开花结果。用时十年护理一棵小树成长，实属不易。正是因为"十年一功，毁于一旦"，所以才有了这首伤感多情的小词。

司空图是唐代写杏花诗最多的诗人，他的杏花诗富含寓意。这首小词的语言风格与诗很不相同，活泼通畅，奠定了后来杏花词的基本格调。

伐树记 [1]（节选）

[宋] 欧阳修 [2]

署之东园，久芜不治 [3]。修至，始辟之，粪瘠溉枯，为蔬圃十数畦，又植花果桐竹凡百本。春阳既浮，萌者将动。园之守启曰："园有樗焉 [4]，其根壮而叶大。根壮则梗地脉 [5]，耗阳气，而新植者不得滋；叶大则阴翳蒙碍，而新植者不得畅以茂。又其材拳曲臃肿，疏轻而不坚，不足养，是宜伐。"因尽薪之 [6]。明日，圃之守又曰 [7]："圃之南有杏焉，凡其根庇之广可六七尺，其下之地最壤腴，以杏故，特不得蔬，是亦宜薪。"修曰："噫！今杏方春且华，将待其实，若独不能损数畦之广为杏地邪？"因勿伐。

既而悟且叹曰："吁！庄周之说曰：樗、栎以不材终其天年 [8]，桂、漆以有用而见伤夭 [9]。今樗诚不材矣，然一旦悉翦弃；杏之体最坚密，美泽可用，反见存。岂才不才各遭其时之可否邪？"

【注释】[1] 选自宋欧阳修《文忠集》卷六十三。 [2] 欧阳修（1007—1072）：字永叔，号醉翁，晚号六一居士，吉州吉水（今属江西）人。北宋政治家、文学家，"唐宋八大家"之一。有《欧阳文忠公集》。 [3] 芜（fú）：杂草太多。 [4] 樗（chū）：臭椿树。 [5] 梗：梗阻。 [6] 薪：这里作动词，砍树作柴。 [7] 圃之守：看守园子的人。 [8] 栎（lì）：栎树，乔木或灌木，果实为坚果。 [9] 漆：漆树。漆树是中国最古老的经济树种之一，籽可榨油，木材坚实。

【品析】作者通过是否砍伐园中之树的事例，悟出了一个与众不同的道理。后园里有一棵樗树，长得高大结实，影响其他植物生长。作者听取园丁的建议，砍之作柴。园子里还有一棵杏树，根深抢肥，导致蔬菜难收。园丁也建议砍去，但作者认为其时杏花正开，不忍心砍伐，想着还是等它结果吧，耽误几畦菜又有多大关系呢！于是杏树被保住了。

文章通过现实事例颠覆了庄子的一种说法。庄子曾说，没有用的樗树正因为没有用，所以得养天年；有用的漆树因为有用终被砍伐。可现在正好相反。原来"材不材"的问题，不能光看其有用无用，其实时机也很重要。

从文章中可以看出当时人们对种植杏树的一些认识。这棵杏树是野生乔木，长得高大，根须伸长的半径就有六七尺长，可见杏树易生长。作者之所以没有砍去这棵杏树，有三个原因，花美、实甜、材坚密，既实用又美观。但最主要的原因，估计还是那"屋头初日杏花繁"的优美景致。满树的红杏花，让作者心生怜惜之情，不舍得将这一树"无辜"繁花毁于一旦。这样看来，花开季节的"其时"才是关键因素。

次韵杏花^[1]

[宋] 王安石^[2]

心怜红蕊与移栽，不惜年年粪壤培。风雨无时谁会得，欲教零乱强催开。

【注释】 [1] 原诗有三首，这是第二首。　[2] 王安石（1021—1086）：字介甫，号半山，封荆国公，世人又称"王荆公"，抚州临川（今江西抚州）人，北宋著名政治家、文学家，"唐宋八大家"之一。有《王临川集》。

【品析】 这首诗写自己多年栽培的杏树，因为风雨侵袭，常常无法正常开花，总是在匆忙中勉强开放一季。杏花的花期在清明时节，其时天气多雨。杏花遇上风雨极易飘落，因此，只能风雨兼程地且开且落。这既是杏花的物候特征，也是诗人"心怜"的多情展露。

因为爱惜杏花，诗人特意将杏树移栽到自己的庭院中。为了杏树能够速速成材开花，"不惜年年粪壤培"，可见其对杏树的期盼之切、关爱之深。王安石的诗别有一种情怀，若要花开好，不能不施肥。青莲也从淤泥出，好花更需粪土培。这样来看，自然显出诗人与众不同的清雅。不过杏花虽好，若是遇到梅花，便顿然成为俗物。他的《咏梅》一诗中，"望尘俗眼那知此，只买夭桃艳杏栽"，便是批评人们买桃栽杏，是"俗眼"看世界。

［近代］吴昌硕《杏花图》，见于上海崇源 2009 年春季艺术品拍卖会

山居杂诗[1]（节选）

[宋] 曹勋[2]

种杏三年实，种桃一载花。花实固可乐，为农本桑麻。

【注释】 [1]原诗为组诗，共九十首，此处节选第一首前两联。 [2]曹勋（1098—1174）：字公显，号松隐，颖昌（今属河南）人。靖康元年（1126）与宋徽宗一起被金兵押解北上，后奉命逃归。曾多次使金。著有《松隐文集》等。

【品析】 这首诗视角略有不同，杏树是作为农桑的对立面出现的，以衬托农桑的重要性。杏树种下去要三年才能结果，而桃树栽下后第一年就能开花。杏果是美味，桃花可养眼，但这些都不是农家的根本，只有种植桑麻才是人们正经的生产活动——因为桑麻是纺织的材料。

以桑麻为本业，是中国古代的传统观念。孟子说："五亩之宅，树之以桑，五十者可以衣帛矣。"孟浩然《过故人庄》诗云："开轩面场圃，把酒话桑麻。"若与桑麻相比，桃杏虽好，却都是不实用之物。

曹勋的观念比较正统，且不论桃杏花色怡人，桃杏的果实也可以饱腹，既然他会赏花，也定会品果，但快乐之余，却对农桑生出担忧，或许可视为他的一份"悯农"情怀。他在《山居杂诗九十首》的另一首诗中也表达了同样的观点："墙里种桃杏，新春亦已花。墙外绕扶疏，绿荫皆桑麻。"

后圃杏花

[宋] 杨万里

小树手初种，当年花便稠。拣枝那忍折，绕径只成愁。淡了犹红在，留渠肯住不[1]。无端万银竹[2]，判却一春休。

【注释】 [1]渠：他。不：同"否"。 [2]银竹：银白色的竹子，常比喻大雨。李白在池州写的《宿虾湖》诗中说："鸡鸣发黄山，暝投虾湖宿。白雨映寒山，森森似银竹。"南宋陆游《七月十七日大雨极凉》诗云："瓦沟淙淙万银竹，变化只在须臾间。"

[清] 王翚《杏花春雨江南》(局部)(辽宁省博物馆藏)

　　【品析】　杨万里是爱写杏花的诗人，他通过对杏花各种神态的描绘，写出了自己的多种情怀。如《连日二相过史局不到省中，后园杏花开尽》："后园两日不曾到，开尽杏花人不知。"这"后园"的杏花看来就是这里所选诗中的"后圃杏花"。《郡圃杏花二首》之一："小树嫣然一两枝，晴熏雨醉总相宜。绝怜欲白仍红处，政是微开半吐时。"之二："行穿小树寻晴朵，自挽芳条嗅暖香。却恨来时差已晚，不如清晓看新妆。"这两首诗中的"郡圃杏花"可能都是这里所选诗中的那棵杏树之花。

　　这首诗写出杏树从栽种、开花到凋落的过程。杨万里手种的杏树一定是多年生苗木，否则不可能"当年花便稠"。唐司空图《酒泉子》中说："买得杏花，十载归来方始坼。"这棵杏树需要十年才能开花，也未免太长了一些。一般情况下，杏花从幼苗开始，只需四五年时间即可开花。"淡了犹红在"表现了杏花很微妙的色泽变化。

种 杏

[元]佚名《居家必用事类全集》[1]

杏熟时，并肉核埋粪中，凡薄地不生，生则不成。至春生后，即移实地栽，不移则实少味苦。树下一岁，不须耕之，耕则肥而无实[2]。

【注释】 [1]《居家必用事类全集》，不著撰人名氏。载历代名贤格训及居家日用事宜，以十干支分集。明初《永乐大典》多引用，疑为元人所著。 [2]文后有补充文字"别本云：桃李熟时，和肉全埋于地中，至春既生，移栽实地，栽法以锹合土掘移之"。

【品析】 这一条出自该书"戊集·农桑类·果木类"。杏树的种法非常简易，只要将成熟的果子埋在肥土里，让它出苗即可。但有几点需要注意，一是选择肥沃的土地育苗，太贫瘠的土地不易出苗，即所谓"沃土宜杏"；二是出苗后，需要移栽，不移栽的杏树将来果实不理想；三是一年之内不必动土，若动土会导致杏树疯长，反而不结果实。后文的补充说明，主要就杏苗移栽提供一种有效的方法，即移苗时带土，这样能够相对保持苗根原先的土壤环境，更易成活。

在传统社会，杏树很少形成规模生产，杏树的生长更多是自然状态。杏核落在何方，便自己发芽、成长、开花、结果。元明时期，既然人们已经关注并懂得杏树栽培的方法，说明杏果的生产已渐渐形成规模，产生效益。

该书同卷还有"栽桃李杏"一条："桃宜密栽，李宜稀栽，可南北行。杏宜近人家栽，亦不可密。"杏树为什么要靠近人家栽才好呢？也许是因为杏花"解语""解笑"的特点吧。也有可能是与桃相比，杏果易落。杏树树干高大，枝条张扬，因此不可密栽。

社会应用篇

[元] 王渊《白鹅杏花》，见于北京保利国际 2016 年第 34 期精品拍卖会

杏子美味，不宜多食。青杏酸苦，可调酒味；熟杏可制杏酪、杏饧、杏粥等寒食季节珍品，别有风味。杏仁苦辛，药用广泛。杏花也可调制香品。

杏树虽是乔木，但材用价值不高，其主要的社会应用体现在杏果之上。杏果肉可以食用，杏果核（杏仁）具有重要的药用价值，另外杏花、杏油、杏香也有一些民间用途。杏果的食用不仅只是饱腹充饥，青杏可以与"煮酒"一起调味，熟果与寒食节令相融合，形成杏粥、杏酪、杏饧、杏茶等多种特色的食用方法。杏作为"五果"之一，其食用却有一些禁忌，青杏不可直接食用，熟杏不可多食。杏仁有微毒，不可直接食用，用作药材，配方也有很多讲究。

一、食用

杏的食用，只取杏果肉与杏核仁两部分，前者称"杏子"，后者称"杏仁"。杏子分为青杏与黄杏两个阶段。青杏小苦，可以与"煮酒"调和同食；黄杏又称红杏、赤杏、丹杏等，是成熟的杏果，果肉可以生食，也可以榨汁，和麦面，制成醴酪。中国杏的杏仁味苦微甘，微毒，不宜食用，主药用。甜杏仁还可以榨油。

因成熟季节大致相同，杏子常与樱桃、甘蔗、蚕豆等同食。如宋代韩维《普安席上作得蔗字》："杯盘春物少，惟见杏与蔗。"黄庭坚《戏答晁深道乞消梅二首》之一："蒸豆作乌盐作白，属闻丹杏荐牙盘。"黄庭坚《赵令许载酒见过》："买鱼斫鲙须论网，扑杏供盘不数枚。"张耒《崇宁壬午临汝四月始闻莺二首》之一："青杏登盘樱压枝，园林初夏啭黄鹂。"

煮杏酪粥法（节选）

[北朝·魏] 贾思勰《齐民要术》[1]

用宿穬麦[2]，其春种者则不中[3]。预前一月，事麦折令精细簸拣。作五六等，必使别均调，勿令粗细相杂。其大如胡豆者，粗细正得所。曝令极干，如上治釜讫[4]，先煮一釜粗粥，然后净洗用之。

打取杏仁，以汤脱去黄皮，熟研，以水和之，绢滤取汁。汁唯淳浓便美，水多则味薄。用干牛粪燃火，先煮杏仁汁，数沸，上作肬脑皱[5]，然后下穬麦米。

【注释】 [1] 选自北魏贾思勰《齐民要术》卷九"醴酪第八十五"。贾思勰：南北朝北魏农学家，齐郡益都（今山东寿光）人。因《齐民要术》一书知名于后世。 [2] 宿穬（kuàng）麦：陈年的麦子。穬麦，大麦的一种。 [3] 不中：不行，同今日北方方言。 [4] 釜：圆底而无足的煮器，类似后来的锅。 [5] 肫（zhūn）脑皱：像动物的肫与脑髓表层的褶皱。肫，鸡鸭等禽类的胃。

【品析】 煮醴酪是古人一项重要的发明，这里是用大麦与杏仁合煮制酪。先用精细麦粉调匀，曝干，煮成一锅粗麦粥。其次挑选杏仁，将杏子的肉质剥下，研熟榨汁，汁要浓醇，不可掺水。再用牛粪烧火将杏仁汁煮沸数次，汁液浓到表面出现褶皱时，将大麦粥倒入杏仁汁。后面还要经过复杂的工艺，才能制成美味的杏酪。

这一节开篇介绍杏仁可以用来煮醴酪的实用目的。因为春秋时期晋国的介之推在山上不幸被烧死后，"百姓哀之，忌日为之断火，煮醴而食之，名曰'寒食'，盖清明节前一日是也。中国流行，遂为常俗"。作者在本文中自注说："然麦粥自可御暑，不必要在寒食。"由此可知，醴酪（杏仁粥）是为寒食节吃冷食而发明的，是一种可以储存多日的发酵食品，后世沿袭不断。但麦粥不必仅为寒食而用，既然杏粥经过发酵可以保存，那么夏天吃起来也是很方便的。

不过，此处所谓"杏仁"，不是后来人们所认为的杏核仁，而是杏果肉：以汤脱去黄皮研汁，也就是将杏果肉捣烂成汁，食之有酸甜味。《本草纲目》说："凡杏熟时，榨浓汁涂盘中，晒干，以手摩刮收之，可和水调芼食，亦五果为助之义也。"其中"五果为助"之说出自《黄帝内经》，五果指枣、李、杏、栗、桃，枣甘，李酸，杏苦，栗咸，桃辛，五味入五脏，以助脏器。

作杏李䴲法[1]

[北朝·魏] 贾思勰《齐民要术》[2]

杏李熟时，多收烂者，盆中研之，生布绞取浓汁，涂盘中，日曝干。以手磨刮取之，可和水浆，及和米䴲。所在入意也。

【注释】 [1]麨（chǎo）法：炒米粉或面粉。 [2]这段话节选自北魏贾思勰《齐民要术》卷四"种梅杏第三十六"。

【品析】 与前文的"煮醴酪"一样，这种将杏果和麦子糅合的食法明显不是清明寒食食品，因为杏李成熟时，也正是麦子收割时，一般在农历五月前后。这里是干炒，后人称杏汁为杏浆，也是一种调味品。如北宋惠洪《东坡志林》卷七记载某蜀僧赋《蒸豚诗》："蒸处已将蕉叶裹，熟时兼用杏浆浇。"南宋汪元量《湖州歌》有："杏浆新沃烧熊肉，更进鹌鹑野雉鸡。"

杏 粥

[晋] 陆翙《邺中记》[1]

寒食三日，作醴酪，又煮粳米及麦为酪，捣杏仁，煮作粥。按《玉烛宝典》[2]："今人悉为大麦粥，研杏仁为酪，别以饧沃之[3]。"

【注释】 [1]选自晋陆翙（huì）《邺中记·附录》。 [2]《玉烛宝典》为隋朝杜台卿编著，可见《邺中记》为隋人所重辑。 [3]饧（xíng）：以麦芽或谷芽熬成的糖稀。沃：浇。

【品析】 将杏仁与米或者大麦放在一起煮粥，是为了因应寒食节不能生火的情况而发明的替代食品。隋唐之后，民间长期保留这种食俗，唐宋诗中有较多关于此类习俗的吟咏。较早的如初唐沈佺期《岭表逢寒食》诗："岭外逢寒食，春来不见饧。洛中新甲子，明日是清明。"可见这种习俗自晋以来是民间常见的。

清明日忆诸弟

[唐] 韦应物[1]

冷食方多病，开襟一忻然。终令思故郡，烟火满晴川。杏粥犹堪食[2]，榆羹已稍煎[3]。唯恨乖亲燕[4]，坐度此芳年。

【注释】 [1] 韦应物（约737—792）：京兆万年（今陕西西安）人，中唐诗人。曾任苏州刺史，世称"韦苏州"。善写山水，有名篇《滁州西涧》等。有《韦苏州集》。 [2] 杏粥：用杏仁制成的粥，古代寒食节食品之一。 [3] 榆羹：用榆荚和面煮成的羹。 [4] 乖亲燕：不能参加宴会。乖，违背，错过；燕，同"宴"。韦应物另有诗《酬元伟过洛阳夜燕》："亲燕在良夜，欢携辟中闱。"

【品析】 唐代的寒食节有三日，即冬至之后第一百零四至第一百零六天。三天内不能生火，只能吃冷食，如米粥。寒食节的第三天是清明节，清明夜可乞新火。在诗人看来，这种民俗令人很不如意，杏粥权且充饥，榆羹只能零食。因为有此风俗，人们不能去相聚宴饮，只能待在家里，于是他不禁思念起相隔遥远的弟弟们：想来他们跟我一样也这样苦度煎熬吧，这真是浪费了芳华之年！

杏粥是民间食俗的特有食品。东晋陆翙《邺中记》说是"捣杏仁，煮作粥"，杏仁其实就是杏核仁。因为清明时节，杏花才开，要等到农历五月前后才能结果，那么清明所食的只能是陈杏仁。既然是陈杏仁，为何要在杏花开放时食用呢？《神农本草经》说："杏核仁，味甘，苦温，冷利有毒。"可能是取杏仁的温甘之性来驱寒。

从唐诗提供的信息来看，杏粥应该是既有杏仁粥，也有取杏花和米麦来煮的粥，就如同桂花粥。如中唐柳中庸《寒食戏赠》："春暮越江边，春阴寒食天。杏花香麦粥，柳絮伴秋千。"晚唐许浑《陪少师李相国崔宾客宴居守狄仆射池亭》："暖醅松叶嫩，寒粥杏花香。"明确说是"杏花香麦粥"，而不是杏仁粥。杜甫写过《槐叶冷淘》诗，用嫩槐叶和面煮，能制成"经齿冷于雪"的冷汤面，可用于防暑降温。而这首诗中的榆荚，就是榆钱儿，取的也是时鲜入食。

评事翁寄赐饧粥走笔为答 [1]

[唐] 李商隐 [2]

粥香饧白杏花天 [3]，省对流莺坐绮筵 [4]。今日寄来春已老，凤楼迢递忆秋千 [5]。

【注释】 [1] 评事：隋唐官职名。 [2] 李商隐（813—858）：字义山，号玉谿生，又号樊南生，怀州河内（今河南沁阳）人。晚唐著名诗人，和杜牧合称"小李杜"，与温庭筠合称"温李"。有《樊南文集》。 [3] 饧：使面变软。饧白：又软又白，指熬得很浓的粥。也有说饧是糖稀，将糖稀放入米粥，味道就更好了。今日酒席上，葡萄酒要先开瓶，让它"饧一饧"再喝，即此之谓。 [4] 省：这里是指朝廷官署。绮筵：华丽的筵席。 [5] 凤楼：指朝廷。

【品析】 寒食节友人寄送香粥来，诗人借此抒发忆旧情怀。首句包含节令民俗的信息，杏花天就是寒食天，所以友人给他寄来时令食物。这道粥有三个特点：香、软、白，那真是粥中极品。因为是收到的赠品，诗中难免有夸张的成分。不过，杏花与粥之间并没有直接关系，既非杏花粥，也非杏仁粥，只是说杏花天气喝香粥，是寒食节的习俗。

饧，这种寒食节独特的食品，从唐至宋以来，一直都是诗人笔下常用的意象，说明它是生活中一种常见的食品。杨万里有诗："细泻谷帘珠颗露，打成

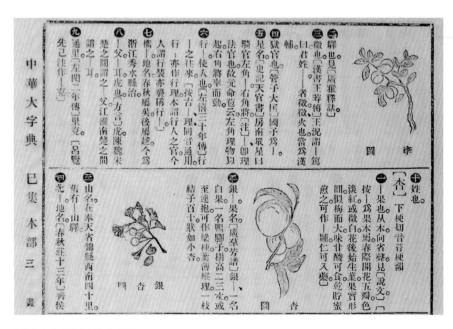

《中华大字典》"杏"字书影

寒食杏花饧。……不待清风生两腋，清风先向舌端生。""舌端生"就是"舌尖上"的意思。可见这种杏花饧味道很好。杨万里还有《寒食前一日行部过牛首山》七首之三："老病不禁馊食冷，杏花饧粥汤（读去声）将来。"元初陈允平《应天长》词云："又见杏浆饧粥，家家禁烟食。"看来杏花饧与杏粥是同一种东西，吃起来比较可口，比那些冷食都要好。胡仲弓《寒食雨中用李希膺韵》中说："平明风雨酿春寒，试把饧和杏酪餐。"饧与杏酪并非两种食品，将杏仁酪加入香粥中，就成了杏花饧。

寄谢晏尚书[1]

[宋]欧阳修

送尽残春始到家，主人爱客不须嗟[2]。红泥煮酒尝青杏[3]，犹向临流藉落花[4]。

【注释】 [1]原诗有两首，此处选一首。　[2]嗟：感叹。　[3]红泥煮酒：红泥的火炉烫着煮酒。红泥，火炉。煮酒，按程杰先生研究，有二义。其一，作为动词，是酿酒的一道工序；其二，煮酒作为名词，是煮酒封贮的结果。宋诗中有很多"青梅"与"煮酒"连用的诗例。如谢逸《望江南》："漫摘青梅尝煮酒，旋煎白雪试新茶。"陆游《初夏幽居偶题》："青梅旋摘宜盐白，煮酒初尝带腊香。"[4]藉：同"借"。

【品析】 这首诗写到青杏的一种食用民俗。青杏就是杏花落后初结的果实，颜色是青的，味道是酸涩的，本不适宜食用，但用它来泡酒，却别有滋味。宋代初期已兴起青梅煮酒之法，相关的诗歌记载有很多，但提及青杏的比较少，如柳永《玉楼春·杏花》一诗说："假饶花落未消愁，煮酒杯盘催结子。"说的已是青杏煮酒之事。寒食时节杏果才结，体形微小，酸味未必很足，但此时梅果已经较大，所以多用青梅煮酒。梅与杏这两种植物看起来比较相似，它们的果实也很相像，所以常有文人将两者弄混。

欧阳修之所以赞叹"青杏煮酒"的味道，是因为这样的做法虽不常见，却别有一番风味。他在另一首《浣溪沙》词中也提到："青杏园林煮酒香。"另有

青杏（黄海摄）

诗《会老堂致语》："红芳已尽莺犹啭，青杏初尝酒正醇。"北宋诗人郑獬的《昔游》也提到这种食用方法："小旗短棹西池上，青杏煮酒寒食头。绿杨阴里穿小巷，闹花深处藏高楼。"

杏

[宋] 苏轼

开花送余寒，结子及新火[1]。关中幸无梅[2]，汝强充鼎和[3]。

【注释】 [1] 新火：寒食节结束可以生火。如北宋王禹偁《清明》："无花无酒过清明，兴味萧然似野僧。昨日邻家乞新火，晓窗分与读书灯。" [2] 关中：关中平原，即长安周边的渭河平原一带。这一句后有原注："关中地不生梅。"[3] 强（qiǎng）：勉强。鼎和：指调味料。鼎，古代烹煮用的器物，一般是三足两耳，如"钟鸣鼎食"。和，调和，调味。《尚书·说命下》："若作和羹，尔惟盐梅。"古代梅子是代酪作为调味品的。

【品析】 这首诗透露的是青杏的食用功能。杏树开花时，春天只剩下余寒。当它结子时，已过了寒食节。长安一带没有梅树，但杏树很多，没有青梅调味，这时的青杏勉强能派上用场。梅树看似耐冷，其实它是典型的南方植物，一般不过淮河。而杏树是北方物种，且能适应早春的寒意，可以向南延伸栽培，所以长江与南岭之间均见移植。苏轼所谓青杏可作"鼎和"之代替物，大抵与欧阳修的"青杏煮酒"是一样的意思，青杏或者还能做其他食物的调味品，如杏酪。

诉衷情·残杏

[宋] 周邦彦[1]

出林杏子落金盘。齿软怕尝酸。可惜半残青紫[2]，犹有小唇丹。 南陌上，落花闲。雨斑斑。不言不语，一段伤春，都在眉间。

【注释】 [1] 周邦彦（1056—1121）:字美成，号清真居士，钱塘（今浙江杭州）人，精通音律，北宋著名词人。今存《片玉词》。 [2] 紫：一作"子"。

【品析】 这首小词写一位女子的伤春之情。上片是说她吃杏子，采来的杏子还只是半熟，放到金盘（黄色）里，轻启朱唇食用，色彩对比强烈。半青不熟的杏子是很酸的，她咬了一口，牙齿酸透，剩下的半个青杏上还留下了她嘴唇上的口红。下片写她走在春雨绵绵的小路上，落花满地，春意阑珊，她眉头紧锁，心事重重。成熟的杏子也是含酸的，青杏更是酸苦。这首词的用意大抵是，春归难留，杏子未熟，佳人惆怅，酸透心事。其中，青杏与黄色的金盘、红色的口唇构成色彩的对比，是本词的亮点。

清明雨寒[1]

[宋] 杨万里

风欹众柳自成妍[2]，雨泣残花不忍看。急唤麴生尝杏子[3]，及渠小苦未生酸[4]。

【注释】 [1]原诗是组诗，共有八首，这是第八首。 [2]风敧（qī）：风吹斜了（柳枝）。 [3]麹（qū）生：也作"曲生"，这里指酒家。 [4]渠：它，指杏子。

【品析】 梅、杏的果实均含酸味，愈青愈酸，生酸之前是苦涩味。古人用其酸味佐酒，是文人风雅的体现。清明风雨，柳青花谢，诗人感到清寒袭身，于是寻酒解愁，情势紧迫，急唤酒家来一壶"青杏煮酒"，然而此时杏子又小又苦，还没有酸味，实在不能解馋。

青杏和青梅一样，有调味功能，即所谓"青杏煮酒"。杨万里有《折杏子》诗："意行到南园，杏子半红碧……攀条初亦喜，折条还复惜。小苦已自韵，未酸正堪吃。"

红酒歌呈西京刘郎中立义

[宋] 刘过[1]

桃花为曲杏为浆[2]，酒酝仙方得心法。大槽迸裂猩血流，小槽夜雨真珠滴。岘山之北古襄阳[3]，春风烂漫草花香。乘轺谁为部使者[4]，金闺通籍尚书郎。儿样爱民真父母，十万人家感恩厚。鹅儿不酌宜城黄[5]，流霞造此江南酒。轮蹄日日行乐同，琥珀潋滟琉璃钟[6]。珊瑚枝下贵公子，人面日色相争红。栏杆十二开帘幞，腰鼓轰雷奏仙乐。翠翘金凤大堤倡，玉纤捧劝罗衣薄。人生百岁能几何，海棠花开春较多。有貂可解换一斛[7]，醉倒天晓待作么。

【注释】 [1]刘过（1154—1206）：字改之，号龙洲道人，吉州太和（今江西泰和）人。多次应举不中，流落江湖间，布衣终身，词风狂逸俊致。有《龙洲集》。 [2]曲：原作"麹"，指酒母，如红曲、曲糊、大曲、酒曲等。 [3]岘（xiàn）山：在湖北襄阳，民间传为道家大师赤松子的洞府道场。 [4]乘轺：朝廷的专车。 [5]鹅儿：本指雏鹅，这里指酒。杜甫《舟前小鹅儿》："鹅儿黄似酒，对酒爱新鹅。"宜城，襄阳下辖的县。 [6]琉璃钟：指酒器。 [7]斛（dǒu）：同"斗"，十升为一斗。

【品析】 这是难得一见的酿酒歌，作者写来一气呵成，读者读来酣畅淋漓。这酒因为是桃花与杏子所酿，所以是"红酒"。古人早已发现，五谷、五果等均能酿酒。这里诗人明确指出，酿酒用的是桃花，估计是起调色作用。"杏"一定是杏子而非杏花。《江湖小集》《两宋名贤小集》《宋百家诗存》这些诗均作"杏为藥"，但刘过自己的《龙洲集》却作"杏为浆"，不论是藥是浆，都必须将杏肉捣烂方可。至少在南宋，杏子的食用功能就已有了酿酒的选项。

选用桃花为原料，而桃花比杏花的花期略迟，则所谓"杏为浆"，应该是用带有酸味的青杏；若用成熟的杏果，那时候哪里还有桃花呢？

翌日约客有和者再用韵[1]

[宋] 魏了翁[2]

柳梢庭院杏花墙，尚记春风绕画梁。二十四番花信尽，只余箫鼓卖饧香。

【注释】[1] 原诗共四首，选一首。 [2] 魏了翁（1178—1237）：字华父，号鹤山，邛州蒲江（今属四川）人。南宋著名理学家、大臣。有《鹤山集》。

【品析】 这首诗写到街头叫卖"饧香"的情景：庭院里柳暗花明，一棵杏树靠在一面墙上开得正旺呢。你们还记得春风吹拂时，我们在一起喝酒的情景吗？二十四番花信都开尽了，那时，大街上只剩下吹箫打鼓的货郎担子还在热闹地叫卖饧香。

据程杰先生考证，花信风本指清明时节引导花开的风，在宋代演变成一到四月共二十四候的花信风，一候五天，每花一信。今所见最早的诗是北宋晏殊的断章："春寒欲尽复未尽，二十四番花信风。"这一句后来成为诗家熟语。到明代出现不同版本的二十四种花名，梅花最早，楝花殿后。但这首诗中的花信仍然指清明时节花，因为只有在寒食清明时，才有食饧的习俗。

诗中最后一句为我们描摹了商贩卖饧的场面，颇似今日货郎担子走街串巷卖米酒，卖家要么吹箫，要么敲鼓，以引起民众的注意。这一幅"箫鼓卖饧图"充满了民俗风情的趣味。

杏酪汤

[元]佚名《居家必用事类全集》

板杏仁用三两半，百沸汤二升浸，盖却，候冷即便换沸汤。如是五度了，逐个掴去皮尖，入小砂盆子内细研。次用好蜜一斤，于铫子内炼三两沸[1]，看涌掇退，候半冷，旋倾入杏泥。又研，如是旋添入研，和匀。

【注释】 [1] 铫（diào）：煮开水、熬东西用的器具。

【品析】 这一条出自该书"己集·诸品汤"，该集一共记录了三十种汤品，"杏酪汤"是其中一种。这里用的食材有板杏仁、蜜、杏泥和水，使用的食具有小砂盆、铫子等，制作的主要方法是水煮，与前代的杏酪大同小异。

明初刘基《多能鄙事》卷三有"杏汤"一篇，似抄自《居家必用事类全集》一书："杏仁三两半，用百沸汤二升，浸盖之。候冷，又换沸汤。如是五度了，逐个掴去皮尖，细研。用蜜一斤炼三两沸，看涌即掇退。候半冷，旋倾入杏泥，又研，如是旋添入，研极细汤成。"该书卷三"蜜煎诸果"在"蜜梅"下小注"杏亦可"，即"蜜杏制法"。

该书还记载有关于杏的多种实用法。如"戊集·农桑类"有"种杏"一条，"己集·法制香药"中有"法制杏仁""酥杏仁法"两条。"己集·果实类"有"蜜煎青杏法"。

杏仁茶

[清]徐珂《清稗类钞》[1]

以果实煮之成浆者，曰酪，杏酪其一也，俗亦名杏仁茶。所用为甜杏仁，然必掺入苦杏仁数枚，以发其香。筵席备之，辄随八宝饭以进，以其皆加糖于中，味皆甜也。南北人皆饮之，或佐以莲子羹。

杏仁中含有一种物质，曰青酸，有大毒。幸所含不多，故食之无害，转有止咳之功效。杏酪之制也，用先去皮之杏仁，入石臼打烂，盛于布袋，用沸水冲之，滤去其渣，加入冰糖，即成。

【注释】 [1]选自清徐珂《清稗类钞·饮食类》。原题为《南北人饮杏酪》。徐珂（1869—1928）：原名昌，字仲可，浙江杭县（今杭州市）人。光绪年间举人，后任商务印书馆编辑，参加南社。编有清代掌故逸闻类书《清稗类钞》，共九十二类。

【品析】 这种杏仁的吃法与唐宋时代不同。取杏仁捣烂，加糖饮用，不与米或麦相掺和，也不限于清明寒食时节。该书还有一节《假杏酪》："假杏酪者，不用杏仁露，以化学中一种药品，曰苦扁桃油者制成（苦扁桃油有大毒，苟如法实验，不增加分量，亦不过度服用，则性能止咳，并无危险），香味与杏仁无别，功用亦同。法以苦扁桃油十六滴，滴于炭酸镁（一种白色之粉末）六十英厘中，入研钵研和，再倾入冷沸水三十二安士（一安士即一英两），用滤纸滤净，去滓。其滤净之水，即名杏仁水，香甜异常。入玻璃瓶塞紧，以免泄气。用时，取杏仁水一二匙，与温水半茶杯调和，再加白糖，即成。若嫌太清，可先用藕粉少许，与沸水半茶杯调匀，然后倾入杏仁水一二匙亦可。"这就如同今天常见的"苹果汁""葡萄汁"饮料，其实不是用水果汁，而是用化学物质冲兑而成的，看来这种方法古已有之。

瓜　果[1]

[清]萧雄[2]

山北山南杏子多，更夸仙果好频婆[3]。枣花落后樱桃熟，一段风光莫忽过。

【注释】 [1]选自清代萧雄《听园西疆杂述诗》卷三《瓜果四首》之四。
[2]萧雄（？—1893）：字皋谟，号听园山人，益阳县（今湖南益阳）人。屡次应试不第，同光间，曾随左宗棠镇守西疆。有《听园西疆杂述诗》。 [3]频婆：本为苹婆、凤眼果、潘安果等，这里或指苹果。

【品析】 诗人旅居新疆多年，对当地的风俗相当了解。他发现，天山南北水果很多，杏子也极好，但杏子的肉质与吃法都与内地不同。

他在诗下附有"后记"："江南多杏，不及西域。巴达克山所产，固为中外极品，而天山左右者亦佳。甜软有沙，黏而复爽，熟较早。土人常饱啖，或与面粥交煮食之。以之去骨晒干，每颗包仁于中，肉丰厚腴润，食之如受蜜然。内地者远弗及。仁有甜、苦二种，南八城一带，贩者以车运之。"

新疆的杏子与内地不同，肉质丰厚沙甜，是极好的食用果类。与麦粥一起的吃法，也不同于内地自古以来的"杏粥"。杏粥是将杏肉捣烂榨干和粥吃，而西域是将杏子去核后晒干，相当于"杏干""杏脯"，将之包裹在麦粥中间，做成"杏干芯"。

以前记载新疆杏子吃法的材料比较少。乾隆三十三年（1768），纪昀被发配到乌鲁木齐，写过《乌鲁木齐杂诗》。其中提到杏子的如："红笠乌衫担侧挑，苹婆杏子绿蒲桃。谁知只重中原味，榛栗楂梨价最高。""河桥新柳绿濛濛，只欠春园杏子红。珍重城南孤戍下，刚流一树袅东风。"均没有提到杏子的具体吃法。萧雄在同治、光绪年间来到新疆，将了解到的新疆各种风俗以诗记之，让后人大开眼界。

二、药用

杏仁的药用价值，自古便得到开发。清吴其濬《植物名实图考长编》卷十五引《本草经》："杏核仁味甘，温，主咳逆上气雷鸣，喉痹下气，产乳金疮，寒心贲豚。"又引《别录》："杏核仁苦，冷利，有毒。主惊痫。"

除了杏仁，杏花也偶可入药。《别录》："花味苦，无毒，主补不足，女子伤中，寒热痹厥逆。"据说，杏花具有补中益气、祛风通络的作用，可保养肌肤，祛除面上的粉滓。北宋王怀隐、王祐等编《太平圣惠方》，就有以杏花、桃花洗面治斑点的记载。

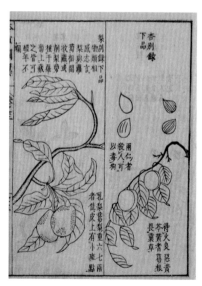

[明]李时珍《本草纲目》卷五十二《本草图翼》卷三"杏仁"书影

明龚廷贤编《鲁府禁方》里有一个美容秘方叫"杨太真红玉膏"，据说是杨贵妃美容专用的，如同苏轼词中所谓"杏油"。将杏花熬成"杏花粥"，还可预防粉刺和黑斑的产生。

杏果肉似无药用价值，主要用以食用："实味酸，不可多食，伤筋骨。"现实生活中，杏子虽好看，却因为味酸，而不如桃、梨、枣等水果那样受欢迎。民间有谚语："桃养人，杏伤人。"小儿尤其不宜食杏。宋代寇宗奭撰《本草衍义》载："小儿尤不可食，多致疮痈及上膈热。"

杏仁粥

[明] 刘基《多能鄙事》[1]

治上气喘促、浮肿、小便赤涩：以杏仁一两去皮尖研，入水同粳米作粥。每服二合，空心食。

治五痔[2]、下血不止：以杏仁一两，治如前。用水三升淘滤，煎一半入粳米作粥。待冷，空心食。

【注释】[1] 相传为明初刘基撰，全书十二卷，收录了日常生活中很多实用的知识，有许多内容与元代的《居家必用事类全集》类似。 [2] 五痔：五种痔疮。唐孙思邈《备急千金要方》卷七十一："夫五痔者，一曰牡痔，二曰牝痔，三曰脉痔，四曰肠痔，五曰血痔。"

【品析】 这一条出自该书卷四。这里的杏仁粥是一味药，是用杏仁与米粥合制而成的，也是一种杏酪，一般杏酪均有药用价值。杏仁味苦，有毒，其药用价值主要体现在通气上，能治疗肺气病症。这里第一方是治气喘，第二方是治痔疮。

卷三还有"烧杏仁""制杏仁"两条。"烧杏仁"一条是美食："杏仁用香油煠，燋胡色为度，用铁结络兜出，候冷定，极肥美。""制杏仁"一条是药方："杏仁一斤，用滚水淖过，晒干，麸炒熟，炼蜜拌匀，下后顷药末抹之。缩砂、陈皮、茴香、人参、薄奇（荷？）、白豆蔻、檀香各二钱，粉甘草三钱，炙过同为细末，以拌杏仁。食能治肺气喘促、心腹胀闷。"功能与杏仁粥相当。

杏 仁

[明]李时珍《本草纲目》[1]

头面风气往来，烦热散风，降气化痰。逐日生吞，偏风不遂，失音不语，肺中风热。

【注释】 [1]选自明李时珍《本草纲目》卷三上。这一段记录了杏仁主治痰气、风热湿热、伤寒热病等多种病症的功效。

【品析】 杏仁是重要的传统中药材之一。古代对杏仁药用价值的记载源远流长。《本草纲目》卷二十九"杏·附方"下记有药方"旧三十五、新十八"，如杏金丹、杏酥法、补肺丸等，这些药方可广治肺气诸病。杏仁的药用其实是食用的一个特例。

三、其他

杏的实用功能，除了食用与药用之外，还有少量其他方面的应用，如杏油、杏花香等。杏油有两类，一类是食用，一类是用于女性化妆品的制作。另有一品"杏花香"，虽然不是取材于杏花，但其制取的香气有"杏花韵度"，也可视为杏文化的一种延伸。

杏 油 [1]

[宋]苏轼

绣鞅玉钚游[2]。灯晃帘疏笑却收。久立香车催欲上，还留。更且檀唇点杏油[3]。　花遍六么球[4]。面旋回风带雪流。春入腰肢金缕细，轻柔。种柳应须柳柳州[5]。

【注释】 [1]原题为《南乡子》，原有题注："用前韵，赠田叔通家舞鬟。"
[2]鞅（yāng）：指套在马颈或马腹上的皮带。钚：同"环"。　[3]檀唇：古代妇女唇饰，将嘴唇涂红。宋秦观《南歌子》："香墨弯弯画，燕脂淡淡匀。揉蓝衫子杏黄裙。

独倚玉阑无语，点檀唇。"檀，浅红色。　　[4] 花遍、六么（yāo）：都是乐曲名。球：同"毬"，踢毬同蹴鞠。　　[5] 柳柳州：指唐代柳宗元，曾被贬到今广西柳州。

【品析】 杏油，也称"杏膏"，是用杏果实制成的脂膏，而非杏仁。杏仁亦可榨油，那是用来食用的。有一种杏就叫"油杏"，含油量较高。《释名·释饮食》："奈油，捣奈实和以涂缯上，燥而发之，形似油也。杏油亦如之。"唐李德裕《述梦诗四十韵》："麝气随兰泽，霜华入杏膏。"这些杏油不能食用，而用作妆面涂料。

杏花香

[宋] 陈敬《陈氏香谱》[1]

附子、沉[2]、紫檀香、栈香、降真香各十两，甲香、薰陆香、笃耨香、塌乳香各五两，丁香、木香各二两，麝半两，脑二钱。右为末，入蔷薇水，匀和作饼子，以琉璃瓶贮之地窖。一月蒻之[3]，有杏花韵度。

甘松、芎䓖各半两，麝香少许。右为末，炼蜜，和匀，丸如弹子大，置炉中。旖旎可爱，每迎风烧之，尤妙。

【注释】 [1] 陈敬：字子中，河南人，其生卒、仕履未详，宋末元初时人。著有《陈氏香谱》及《新纂香谱》。　　[2] 沉：应指沉香。　　[3] 蒻（ruò）：点燃，焚烧。

【品析】 这两种"杏花香"配方均出自《陈氏香谱》卷三"凝和诸香"。这是用多种成品香料调和出的一种带有"杏花韵度"的新香品。说是"杏花香"，其实并无杏花成分，而是用化学品调配而成。杏花本身的香味很淡，且杏花无法保存，所以用杏花制不成"杏花香"。但杏花清淡的香味令人愉悦，所以古人用其他诸香"凝和"成新的香品，只是借杏花的香气传名而已。明初刘基《多能鄙事》卷五原文抄录了这两种"杏花香"的配方。明末周嘉胄《香乘》卷十八"凝合花香"下也录有这两种配方，并提供了另一种"吴顾道侍郎杏花香"配方"白檀香：五两，细刌，以蜜二两，热汤化开，浸香三宿，取出于银器内裹紫色，入杉木炭内炒，同捣为末；麝香：一钱另研；腊茶：一钱，汤点澄清，用稠脚。右同拌令匀，以白蜜八两，搜和乳，槌杵数百，贮磁器，仍镕蜡，固封地窖一月，久则愈佳"。

文化风貌篇

杏文化的开篇之作是庄子笔下的杏坛，教学相长，源远流长。中古之后，杏林与神仙、宗教、医药，杏园与科举，杏花与文学、民俗、绘画等结缘，异彩纷呈。

在杏文化史上，杏的实用价值并不高，而其文化风貌却大放异彩。庄子提出"杏坛"概念的初衷是为批评孔子，但后来却被儒家弟子所接受，儒家将其包装成教育子弟成才的重要象征。因唐代科举活动中"杏园赐宴"而衍生出的"杏园"意象从此成为功名的指代，杏花也就成了"功名富贵花"。在唐代，杏花成为新发现的重要诗歌意象之一，中唐之后，杏花与文学结成不解之缘，水边杏、墙头杏、杏花村等新设的诗歌主题，一直延续到宋明之后。在民俗视野中，从唐代开始，寒食杏俗、杏花耕俗、折花习俗等在民间都有生动的表现。晚唐之后，杏花成为画家笔下常被关注的题材，诗歌中表达的杏花"繁艳"的审美特征在历代画作中都有不同风格的展现。

一、教育

（一）杏坛

在中国文化史上，杏坛作为一个文化意象，有三层意义值得关注。第一层是道家对孔子的批评。杏坛作为孔子"弦歌鼓琴"的地点，并不见于先秦任何儒家经典，其真实性无法确认。孔子这样的师者既"无治"，也非"有土之君"，更不是"侯王之佐"，所以渔父认为孔子苦心劳形，以危其真，到头来，离"道"是相当疏远的，在混乱的世俗世界里显得非常"多事"。孔子听闻渔父对他的评价之后，非常谦逊地跑到湖边向渔父请教。庄子之徒虚构孔子向渔父谦虚求教这一情节的目的，意在衬托出道家推崇的无为之士得道之深，嘲笑好为人师的孔子其实非常无知。所以，杏坛作为讲学之高台，一开始并不是为了抬高孔子的大师身份而设立，相反是对他不明真理却开坛讲学的批评。

第二层是儒家对孔子的尊崇，这层意思始于北宋年间。时任大理寺丞、宰曲阜、主祠事的孔子第四十五代孙孔道辅上书宋真宗，建议重修曲阜孔庙。到了仁宗天圣二年（1024）重修孔庙时在正殿旧址"除地为坛，环植以杏，名曰杏坛"，周围种了许多杏树。南宋绍兴年间孔子第四十七代孙孔传有《杏坛说》一文，影响较大。孔子第五十九代孙孔承庆有《杏坛》诗。庄子之徒不经意中创设的杏坛终于成为孔子讲学点的崇高代称，进而引申为教坛、讲台、教育界的雅称。

第三层可从杏树入手。先秦时代，作为北方树种的杏树高大常见，成为民间社树和"改火之木"——根据每个季节最具代表性的木质，改用不同树材作为引火与保存火种的材料。东汉郑玄注《周礼》时说："春取榆柳之火，夏取枣杏之火，季夏取桑柘之火，秋取柞楢之火，冬取槐檀之火。"春秋时期，杏树是人们早已栽培的生活与经济树种，房前屋后，村里村外，均属常见；又因成为法定的"改火之木"，所以富于亲和感。孔子之所以在杏树下设坛教学——这其实是庄子之徒的想象，与此因不无关系。也许还与杏花早发、引领一年时光有关。杏花时节，即一年向学之始，杏树在此象征"春季学年"的开始。《论语·先进》曾点说："莫春者，春服既成，冠者五六人，童子六七人，浴乎沂，风乎舞雩，咏而归。"夫子喟然叹曰："吾与点也！"就与春学有关。当然也可能还与杏树的高大、浓荫、多子等特征有关。

杏坛是中国杏文化的开篇之作。

杏 坛

《庄子》[1]

孔子游乎缁帷之林[2]，休坐乎杏坛之上。弟子读书，孔子弦歌鼓琴。奏曲未半，有渔父者下船而来。

【注释】 [1] 这段文字出自《庄子·杂篇·渔父》。题目为编者所加。《庄子·杂篇》共十一篇，各篇都非常有特色，后人大多认为不是庄子的原著。庄子（约前369—前286）：战国时哲学家、文学家。名周，宋国蒙（今河南商丘）人。是继老子之后道家学派的代表人物。为文汪洋恣肆，想象力丰富。著作有《庄子》。渔父这个人物明显是虚构的。 [2] 缁帷（zīwéi）之林：一个虚构的象征地名，草木茂盛之处。缁，黑色。帷，幕帐。

【品析】 相传孔子杏坛设教，有徒弟三千，授六艺之学。此处是说孔子讲授之余，在杏坛之上闲坐休憩。当弟子们自习读书之时，他一时兴起，弦歌鼓琴，师徒之间教学相长、其乐融融的情形如在眼前。但这个场面的创设与记载并非儒家信徒，而是庄子之徒的假设，其用意是批评孔子及儒家弟子。

送司空神童

[唐] 王建[1]

杏花坛上授书时，不废中庭趁蝶飞。暗写五经收部秩[2]，初年七岁著衫衣[3]。秋堂白发先生别，古巷青襟旧伴归[4]。独向凤城持荐表，万人丛里有光辉。

【注释】 [1] 王建（约767—约830）：字仲初，许州（今河南许昌）人，唐朝诗人。乐府诗与张籍齐名，世称"张王乐府"。有《宫词》百首。 [2] 部秩：部帙，指书籍、卷册。 [3] 衫衣：指成年人的衣衫。 [4] 青襟：古代学子之服，也代指学子。

【品析】 这首诗刻绘好学的神童形象。杏花坛即杏坛，指学习场所。七岁的孩子本该是活泼好动的，应该追着蝴蝶去玩，这情景容易让人联想到南宋杨万里的诗"儿童急走追黄蝶，飞入菜花无处寻"。但这个孩子与众不同，从小就知道很主动地学习，所以成了神童。

杏坛授书，是庄子笔下对孔子授徒的记载，后世成为典故。晚唐冯道幕客《题酒户修孔庙状》有："槐影参差覆杏坛，儒门子弟尽高官。"说的正是孔庙的杏坛。

早赴府学释奠[1]（节选）

[宋] 欧阳修

雾中槐市暗[2]，日出杏坛明。昔齿公卿胄[3]，尝闻弦诵声[4]。何须向阙里[5]，首善本西京[6]。

【注释】 [1] 释奠：古代在学校设置酒食以祭奠先圣先师的一种典礼。 [2] 槐市：汉代长安读书人聚会、贸易之市。因其地多槐而得名，后借指学宫，学舍。[3] 齿：排列。 [4] 弦诵：指弦歌和诵读，泛指授业、诵读之事。《庄子》："弟子读书，孔子弦歌鼓琴。" [5] 阙里：孔子故里。在今山东曲阜城内阙里街。因有两石阙，故名。也借指儒学或孔庙。 [6] 首善：指实施教化自京师开始，京师为四方的模范。后"首善"指首都。西京：指西汉长安。此诗的第一句："行祠汉丞相，学礼鲁诸生。"

【品析】 这里选取了这首诗的后六句，前面还有六句。诗人用"槐市"对"杏坛"，意义十分明确。槐市是太学生学习的地方，杏坛是孔子教授弟子的讲台。据汉代纬书《三辅黄图》记载："元始四年，起明堂、辟雍，为博士舍三十区，为会市。但列槐树数百行，诸生朔、望会此市，各持其郡所出物及经书，相与买卖，雍雍揖让，议论树下，侃侃訚訚。"诗人到府学里去祭奠先圣孔子，面临的是教坛与弟子的二元关系，因而他选择了杏坛与槐市两个意象来表达，言简意赅。

常与"杏坛"构成对仗关系的词汇，除了"槐市"外，还有"芸阁"与"莲社"。芸阁即秘书省，朝廷藏书处；莲社即白莲社，多指寺庙。如白居易《春中与卢四周谅华阳观同居》："杏坛住僻虽宜病，芸阁官微不救贫。"南宋周必大《走笔答程泰之以简问莲社事》："杏坛俨雅犹难考，莲社荒唐孰肯知。"

杏 花

[宋] 徐积[1]

窗外花开红满枝，董生正下读书帷[2]。东风到晚殊无定，今夜清香属阿谁。

【注释】 [1] 徐积（1028—1103）：字仲车，楚州山阳（今江苏淮安）人。晚年居楚州南门外，故自号南郭翁。以耳聋不能仕，屏处乡里，而四方事无不知晓。有《节孝集》。 [2] 这一句说的是，西汉大儒董仲舒放下室内悬挂的帷幕讲授诵读，曾三年不窥园，乘马不知牝牡（公母）。指专心读书或写作。

【品析】 北宋诗人徐积是个聋人教书先生，教学十分不易，在杏花开得正红的时候，先生正在指导弟子读书，他希望学生们不要为窗外的无限生机所困扰，才能学有所成。

但诗人并非"两耳不闻窗外事，一心只读圣贤书"，而是对春意有着另一种感知。东风吹拂下，夜深人静时，杏花的清香透过帷幕，沁入了读书人的心胸——这是一种十分巧妙的创意，书香与花香，象征着苦与乐，读书并不只是一种苦差事。诗人想说的是，趁着大好春光好好读书才是正道，不要为窗外的花红柳绿所干扰，读到深夜，杏花的清香自然会吹进室内，犒劳于你。

再题通政院王荣之八月杏花

[元] 方回 [1]

红闹枝头二月寒，中秋还许两回看。君家泮水宫墙畔 [2]，吾道重春孔子坛 [3]。

【注释】 [1] 方回（1227—1307）：字万里，歙县（今属安徽）人，元朝诗人、诗论家。著有《桐江集》，编有《瀛奎律髓》。 [2] 泮（pàn）水：古代学宫前的水池，形状如半月。 [3] 吾道：我的学说或主张。这里指儒道。重（chóng）春：又一次逢春。

【品析】 这一组诗有五首，这里选读第一首。所谓"八月杏花"，是指阴历八月（阳历十月前后）时开的杏花。其时，天气在降温前有一段不冷不热的状态，人称"小阳春"，这个时期的杏花、桃花等春令花多有"误开"的现象。《太平御览》引《竹书纪年》说："昭王六年十二月，桃杏花。幽王十年九月，桃杏实。"这其实都是气温回暖桃杏花偶然"误开"的实例，这种反常现象在古代会被史官认定为灾异之兆。

这首诗是说，二月杏花开时，还有些春寒。中秋时节天气暖和，杏花竟然又开了一回。你家学宫墙边的那株杏花能够重逢一次春色，都是因为孔子杏坛的灵应。诗人的意思是，你那个学校办得好啊！诗人是对学宫里杏花八月重开的赞叹，

但言下之意是对儒教的推崇，对这种反季节开花的神秘现象做出了符合道学的正面解释。

方回是宋元时代比较喜欢使用"杏坛"一词的诗人，他有多首诗提到这个意象。如《次韵唐师善见寄》："闻风足使鄙夫宽，家世言诗自杏坛。"《次韵汪以南闲居漫吟十首》之八："如何杏坛上，鸣鼓攻门人。"《拟咏贫士七首》之三："曾原二三子，忍饥依杏坛。"《送温州学正陈希静》："父老时枌社，师生日杏坛。"《题江君天泽古修堂三首》之三："进德立诚说方法，定曾参到杏坛前。"《文公书院新创》："为问杏坛旧邻里，颜曾以后岂无传。"

寄呈张教论[1]

[宋] 丘葵[2]

天欲昌吾道[3]，君来董县庠[4]。坛荒犹杏树，水落且芹香[5]。欲与二三子[6]，皈依数仞墙[7]。若为鸥鹭伴[8]，留住水云乡。

【注释】[1]教论：指教授，古代官学里的教官。宋诗中常见此称呼，如戴表元《送谢教论》。 [2]丘葵（1244—1333）：字吉甫，号钓矶翁，同安（今福建厦门）人。笃修朱子之学，终生隐居，不求人知。长期避居海岛，宋元间人蒲寿宬有《寄丘钓矶》诗。作为隐逸诗人，他的"却聘诗"在当时颇有名。有《钓矶诗集》。 [3]昌吾道：发扬儒道。昌，兴盛。 [4]董县庠（xiáng）：管理县学。董，管理；庠，学校。 [5]芹香：芹菜的香味，这里指学校。语出《诗经·鲁颂·泮水》："思乐泮水，薄采其芹。" [6]二三子：指孔子的弟子。 [7]这句是说，一起回到学校去。 [8]鸥鹭伴：与海鸥与白鹭为伴，表示隐居。

【品析】 这个诗人是位隐士。这首诗是他写给一个教授的，表达自己对教授的推许和自己隐居的志向。坛荒指杏坛荒芜，水落指泮水干涸，都指学校办学状况不好，所以有人请张教授来管理县学，诗人相信他一定会把学校办好，并希望自己和朋友们一道回去接受再教育。最后一联是明志，意谓：如果我能回去的话，我还是愿意隐居在与世隔绝的水云之乡，与鸥鹭为伴。

杏花与学校（槐下摄）

用"杏坛"对"槐市"，是教与学的对照；用"杏坛"对"泮水"，是讲席与学校的呼应。有时也可以用"芹香（芹）"代替"泮水"意象。如南宋方岳《次韵赵尉》："杏寒春且住，芹老燕初来。"黄庚《春日即事》："红杏花繁蜂蜜饱，碧芹香老燕泥干。"

结句中的"水云乡"看似一个信手拈来的意象，其实这并非诗人的原创。这个词首出于唐代诗僧贯休《赠景和尚院》："藏经看几遍，眉有数条霜。万境心都泯，深冬日亦长。窗虚花木气，衲挂水云乡。时说秋归梦，峰头雪满床。"后来，宋人借用此语成风。如苏轼《南歌子·别润守许仲途》："一时分散水云乡，惟有落花芳草断人肠。"陆游《秋夜遣怀》："六年归卧水云乡，本自无闲可得忙。"张孝祥《水调歌头》："蝉蜕尘埃外，蝶梦水云乡。"

"水云乡"到底是一个什么样的地方呢？若与杏花一起看，南宋诗人苏泂为它做了一条最佳的注释："杏子花开水漫流，羡君得意在沧洲。""水云乡"即"沧洲"（无人居住的水边小洲）。这真是一个令人向往的地方，于今依然。

孔子旧宅

[宋] 汪元量[1]

奉出天家一瓣香，著鞭东鲁谒灵光。堂堂圣像垂龙衮[2]，济济贤生列雁行[3]。屋壁诗书今绝响[4]，衣冠人物只堪伤[5]。可怜杏老空坛上，惟有寒鸦噪夕阳。

【注释】 [1] 汪元量（约 1241—约 1317）：字大有，自号水云子等。钱塘（今浙江杭州）人。南宋末年诗人、宫廷琴师。元军下临安，随南宋恭帝及后妃北上。留大都，侍奉帝后。后出家为道士。有《湖山类稿》《水云集》等。 [2] 龙衮：是天子及上公的礼服，袍上绣龙形图案。这里指孔子画像上的衣服。 [3] 列雁行：像大雁飞行的行列。指孔子弟子众多，排列整齐。 [4] 屋壁：鲁壁。秦始皇焚书时，孔子八世孙孔鲋将《论语》等儒家经书，藏于孔子故宅墙夹壁中。西汉景帝三年（前 154），鲁恭王在扩建王宫拆除孔子故宅时，从夹墙里面发现这些藏书。 [5] 衣冠人物：指奉行儒家礼仪的人士。

【品析】 宋亡之后，汪元量从元朝大都南下回江南，经过山东曲阜时拜谒了孔子故居。天下已经易主，诗书都已散落，信奉儒家正统观念的人们只能感叹哀伤，徒生故国之思。

杏坛是孔子授徒讲学的教坛。其真实性无法确认，但儒家传人很喜欢这个设定，因此也就"笑纳"了。既然并非史实，则孔子旧宅里原来一定没有这个杏坛。后世为了尊崇孔子，就在孔宅里重修了杏坛，这里也就真的有了杏树。北宋时期，在孔庙创建了杏坛。宋亡后，曾经在宫廷任职且陪伴皇帝到北方的作者来到此处，怎能不悲恸感伤！这首诗是同类杏坛诗文中，真正聚焦孔子杏坛的作品，有一种苍凉的历史现场感，这与其他只将杏坛用作典故的诗作大异其趣。

杏 坛

[明] 孔承庆 [1]

鲁城遗迹已成空 [2]，点瑟回琴想象中 [3]。独有杏坛春意早，年年花发旧时红。

【注释】 [1] 孔承庆（1420—1455）：字永祚，曲阜（今山东曲阜）人，孔子第五十九代孙，明代初年人。年三十一岁，未及袭封而卒。有《礼庭吟稿》。
[2] 鲁城：指孔子故里山东曲阜。 [3] 点瑟回琴：点，即孔子弟子曾晳，又称曾点，字子晳。回，即孔子弟子颜回，尊称颜子，字子渊。

【品析】 自北宋朝廷创设杏坛之后，直至明清时代杏坛都受到朝廷和文人的尊崇。据载，金代曾于杏坛上建亭，元世祖至元四年（1267）重修，明代隆庆三年（1569）改造重檐方亭，清代乾隆皇帝曾题匾。孔承庆生活于明代永乐年间，作为孔子的后裔，他自然对孔庙的文物非常上心，但他在孔庙所见，已非畴昔。孔子生活的遗迹一样都没有了，只能凭想象来回味孔子弟子曾点与颜回当年学习的情景。好在杏坛上那些古老的杏树还在，早春一至，杏花依然红成一片，春意盎然。作者想说的是，孔子的时代虽然早已逝去，但后世对儒家的尊崇却没有褪色。杏坛所代表的教化之道受到历朝君王的重视，所以他看到杏花开放的杏坛时，心里是无比自豪的。

杏花书屋记（节选）

[明]归有光[1]

杏花书屋，余友周孺允所构读书之室也。孺允自言其先大夫玉岩公，为御史谪沅、湘，时尝梦居一室，室旁杏花烂漫，诸子读书其间，声琅然出户外。嘉靖初，起官陟宪使，乃从故居迁县之东门，今所居宅是也。公指其后隙地谓孺允曰[2]："他日当建一室，名之为'杏花书屋'，以志吾梦云。"

公后迁南京刑部右侍郎，不及归而没于金陵。孺允兄弟数见侵侮，不免有风雨飘摇之患。如是数年，始获安居。至嘉靖二十年，孺允葺公所居堂[3]，因于园中构屋五楹，贮书万卷，以公所命名，揭之楣间[4]，周环艺以花果竹木[5]。方春时，杏花粲发，恍如公昔年梦中矣。而回思洞庭木叶、芳洲杜若之间[6]，可谓觉之所见者妄而梦之所为者实矣。登其堂，思其人，能不慨然矣乎！

昔唐人重进士科，士方登第时，则长安杏花盛开，故杏园之宴，以为盛事。今世试进士，亦当杏花时，而士之得第，多以梦见此花为前兆。此世俗不忘于荣名者为然。

【注释】 [1]归有光（1507—1571）:字熙甫,别号震川,又号项脊生,世称"震川先生"。昆山（今属江苏）人。一生多次落第,六十岁时方成进士,任南京太仆寺丞,称"归太仆"。归有光崇尚唐宋古文,是明代"唐宋派"代表作家,有《震川先生集》等。 [2]后隙地：屋后的空地。 [3]葺（qì）：修理房屋。 [4]揭之楣间:高挂在门楣之上。 [5]周环艺:周围环绕种植。艺,种植。 [6]洞庭木叶、芳洲杜若：均指理想之地。语出屈原《九歌》。

【品析】 这篇短文生动地再现了一个读书人的"杏花梦"：从玉岩公的梦，到他交代儿子要实现这个梦，再到儿子真的实现了这个梦，也即从父辈的成功到困顿，子孙的飘零再到复兴，杏花梦就像是一个象征，一种暗示，一份承诺，一丝期待。

文章写了"杏花梦"的四重境界。第一重是玉岩公的困境之梦："尝梦居一室，室旁杏花烂漫，诸子读书其间，声琅然出户外。"这是一个春花烂漫的读书梦。

第二重是玉岩公告诉儿子的理想之梦："他日当建一室，名之为'杏花书屋'，以志吾梦云。"第三重是儿子再现了这个梦境，使其具有现实的意义："方春时，杏花粲发，恍如公昔年梦中矣。"第四重是儿子期望实现这个梦的象征意义："今世试进士，亦当杏花时，而士之得第，多以梦见此花为前兆。"

周家的"杏花梦"其实就是富贵梦。"周公梦杏"的象征意义来源于传统杏文化"功名富贵花"之意象，是他期待家庭兴旺、子孙发达的崇信，也是唐宋以来"杏园"文化的神秘指归。它与北宋初年王旦的父亲王祐在庭中"手种三槐"以期子孙登上高位的家族期待心理是同构的，后来王旦果然官至宰相。

归有光认为，"杏花梦"要与为国家鞠躬尽瘁的品质结合起来，

[明]唐寅《杏花山馆图》（上海博物馆藏）

正如他在后文强调的："盖古昔君子，爱其国家，不独尽瘁其躬而已；至于其后，犹冀其世世享德而宣力于无穷也。"体现了他的忠正之气。

在"杏花书屋"意象之外，唐代诗人刘商还创设了一个"杏花茅屋"，隐逸气息极浓。如《归山留别子侄二首》之二："不逐浮云不羡鱼，杏花茅屋向阳居。鹤鸣华表应传语，雁度霜天懒寄书。"《金瓶梅》第九十三回，写山东清河县有一老者王宣，"因后园中有两株杏树，道号为'杏庵居士'"。人称王杏庵。"立松

轩本"《红楼梦》也曾透露过一个批书人叫"杏斋"，与畸笏叟、芹溪、脂砚、松斋、梅溪等雅士属于同类，都是高人。

（二）杏园

"杏园赐宴"等活动相传起源于武则天神龙年间，唐玄宗开元年间仍然有这样的遗风，但经过安史之乱，这类活动难以赓续。唐德宗贞元年间开始实有"雁塔题名"的佳话，白居易有诗"慈恩塔下题名处，十七人中最少年"。科举考试也有命题为《慈恩寺望杏园花发诗》。唐宣宗大中元年（847），朝廷同意"杏园任依旧宴集"。其时杏园林花极盛，杏园中还举办新科进士的"探花宴"。文人雅士如韩愈、刘禹锡、白居易、元稹等常去杏园举办宴会、游赏、送别等活动。晚唐诗人的笔下，"杏园赐宴"成为无数应试者不绝于口的政治梦想，许多落第者都写有关于杏园的诗歌。杏园成为中唐之后一个重要的文学意象。

对于新科进士来说，能够参加杏园宴是荣耀至极之事。首先是季节的原因，唐代科举会试发榜一般在农历二月，正是杏花萌发之时，杏花才顺势成为进士集会的背景花色。其次，春和景明，生机盎然，象征着进士们仕途的通达。唐代的新科进士都以互换红笺"名纸"的方式相互结识。红笺与红杏交相辉映，自成一景。另外，"杏"与"幸"谐音，杏者，有幸也，也符合进士们乐于宴游杏园的心理期待；幸者，也可喻朝廷嘉许，所以有"杏园赐宴"一说。

从现实角度看，杏园只是短暂的繁华。唐末韦庄《秦妇吟》写到长安城的毁灭，杏园也不例外："长安寂寂今何有？废市荒街麦苗秀。采樵斫尽杏园花，修寨诛残御沟柳。华轩绣毂皆销散，甲第朱门无一半。"到了宋代，都城远离长安，杏园无复一枝红，但文人诗词中，杏园并未绝迹，一直延续到明清时代，成为古代文人永久的梦想与伤痛。

唐代时长安杏花十分繁盛，杏园中的千百树可以见证。长安城外也有"杏花村"，杏花开满村庄。温庭筠《与友人别》诗云："半醉别都门，含凄上古原。晚风杨叶社，寒食杏花村。"

杏园在唐代长安城的通善坊，曲江池的西岸，慈恩寺的南面，早已废弃。其故址在今西安市雁塔区大雁塔、芙蓉园与西安植物园之间。今天，西安市东南蓝田县的华胥镇，有一个杏花谷，杏花繁盛，是一处有名的赏杏景点。

杏园赐宴[1]（节选）

[五代] 王定保《唐摭言》[2]

进士题名[3]，自神龙之后[3]，过关宴后，率皆期集于慈恩塔下题名[4]。故贞元中，刘太真侍郎试《慈恩寺望杏园花发诗》。

曲江游赏，虽云自神龙以来，然盛于开元之末。

神龙已来，杏园宴后，皆于慈恩寺塔下题名。同年中推一善书者纪之[5]。他时有将相，则朱书之[6]。

【注释】[1] 这段文字节选自五代王定保《唐摭言》卷三《慈恩寺题名游赏赋咏杂纪》。题目为编者所加。　[2] 王定保（870—954）：字翊圣，南昌（今属江西）人。光化三年（900）举进士及第。著有《唐摭言》十五卷。　[3] 神龙：

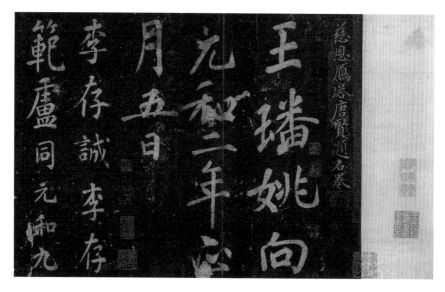

慈恩寺雁塔唐贤题名卷（拓片）

唐代武周与中宗年号（705—707）。　　[4]率：大抵、大概。慈恩塔：又称慈恩寺塔，即大雁塔，因坐落在慈恩寺内而得名。玄奘法师就在慈恩寺里主持佛经的翻译工作，并于唐高宗永徽三年（652）督建雁塔以藏经。　　[5]同年：古代科举考试中同一年考中者，不论实际年龄大小，都称同年。　　[6]朱书：用红笔书写。这一句是说，如果以后有升为将相的，就用红笔标示姓名。

【品析】　唐代的进士科考试是科举考试中最重要、最体面的一科，举子们都以参加并考中进士为荣。朝廷也顺势为考中者提供一系列优待，如新科进士都有机会参加由礼部组织的雁塔题名、曲江游赏、杏园赐宴、打马游街等隆重的大型活动，这种做法在社会上形成倾慕之风。

所谓"贞元中，刘太真侍郎试《慈恩寺望杏园花发诗》"，是说刘太真主持考试以此为题，由此歌咏杏园成为时尚。贞元四年（788）二月，礼部侍郎刘太真知贡举，试题为《曲江亭望慈恩寺杏园花发》，包谊、崔立之、郑群、李君何、周弘亮、曹著、陈翥、卢璠等三十一人登进士第，林蕴等明经登第。

同白侍郎杏园赠刘郎中

[唐]张籍[1]

一去潇湘头欲白，今朝始见杏花春。从来迁客应无数[2]，重到花前有几人。

【注释】　[1]张籍（约767—约830）：字文昌，苏州（今属江苏）人，少时侨寓和州乌江（今安徽和县）。中唐诗人，世称"张水部""张司业"。张籍与韩愈、孟郊、白居易交游甚多。其乐府诗与王建齐名，称"张王乐府"。有《张司业集》。　　[2]迁客：遭左迁或贬谪的官员。

【品析】　白侍郎即白居易，刘郎中指刘禹锡。刘禹锡因参与"永贞革新"，唐宪宗即位（805）后被贬到南方，饱经磨难，后于唐敬宗宝历二年（826）奉调回洛阳。他的诗《酬乐天扬州初逢席上见赠》中的诗句"巴山楚水凄凉地，二十三年弃置身"，即是对贬谪经历的总结，可以说刘禹锡是笑到最后的人。其间，同时遭贬的柳宗元则客死柳州。所以当刘禹锡回到长安，友人们为他接风、对酒

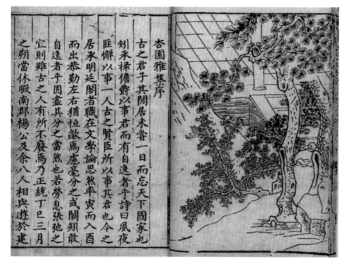

当歌时，张籍对他的曲折人生深表同情，并对他能坚持到最后表达了由衷的敬意。

据考证，这首诗作于唐文宗太和二年（828），这一年刘禹锡已回到长安任职。关于这次活动，诗人们有诗互证。刘禹锡有《杏园花下酬乐天见赠》，白居易有《杏园花下赠刘郎中》，元稹也有《酬白乐天杏花园》，看来参加这次宴会的有白居易、刘禹锡、元稹和张籍等人，白居易是做东的。

诗歌最后一联看似平淡，实则包含多种人生况味。诗人选择杏园，有意点出人生的这些曲折都是因追逐功名而导致的，杏花在这里成为一个点题的象征。"重到花前"既是人生之大幸，又是偶然于万一的机缘。北宋苏东坡被贬海南岛，遇赦回程时，经过南岭的大庾岭，有《赠岭上老人》诗道："问翁大庾岭头住，曾见南迁几个回。"其中包含着自叹幸运和笑傲江湖的多重意味。

杏园花下酬乐天见赠[1]

［唐］刘禹锡[2]

二十余年作逐臣[3]，归来还见曲江春。游人莫笑白头醉，老醉花间有几人。

【注释】[1]白居易有诗《杏园花下赠刘郎中》："怪君把酒偏惆怅，曾是贞元花下人。自别花来多少事，东风二十四回春。"元稹也有一首和诗《酬白乐天杏花园》："刘郎不用闲惆怅，且作花间共醉人。算得贞元旧朝士，几人同见太和春。"刘郎指刘禹锡，贞元是唐德宗年号，太和，即大和，是唐文宗年号。[2] 刘禹锡（772—842）:字梦得，洛阳（今属河南）人，文学家，有"诗豪"之称。贞元九年（793）进士及第。因参加"永贞革新"失败，被贬为朗州司马、连州刺史、夔州刺史等外职。诗文俱佳，与柳宗元并称"刘柳"，与白居易合称"刘白"。存世有《刘宾客文集》。 [3] 逐臣：被朝廷贬谪外放的官员。

【品析】 这是一首酬答好友白居易的和诗。这首诗写出了诗人坎坷的政治遭遇和经历磨难之后的旷达情怀。相比之下，此和诗比白居易原诗及元稹的和诗都写得更好，饱含更多人生况味。

刘禹锡因为政治选择的原因，长期被贬在偏远地区，这实际上是一种政治上的流放。这次回到长安来到杏园之前，他已经历了长达二十四年的贬谪生涯。往事不堪回首，所以只一笔带过，但就是这一笔之中，饱含了诗人多少内心的煎熬：终于回来了，我又来到了当年政治上的起点——曲江杏园（"曾是贞元花下人"）。这是一种笑到最后的胜利，喜悦之情自在不言中。

这首诗中的"杏园"意象，与那些汲汲于科举考试者所体现出的心态已大为不同，表达了人生成熟、入定、开悟之后回望杏园恩典的无奈，通脱而豁达，所以劝君"莫笑"而自笑，内心早已平和安详。

刘禹锡与白居易晚年闲居洛阳，常相唱和，其乐融融，展示了仕宦沉浮之后的淡定与雍容。宝历二年（826），刘禹锡刚被放还时，曾写过名篇《酬乐天扬州初逢席上见赠》："巴山楚水凄凉地，二十三年弃置身。"他还另有《曲江春望》《酬令狐相公杏园花下饮有怀见寄》等同类主题的诗作。

重寻杏园

[唐] 白居易[1]

忽忆芳时频酩酊[2]，却寻醉处重裴回[3]。杏花结子春深后，谁解多情又独来。

【注释】[1] 白居易（772—846）：字乐天，号香山居士，其先太原（今山西太原）人，后迁居下邽（今陕西渭南）。贞元进士，授秘书省校书郎。倡导新乐府运动，与元稹并称"元白"，与刘禹锡并称"刘白"。有《白氏长庆集》。
[2] 酩酊（mǐngdǐng）：酒醉得迷迷糊糊的。　[3] 裴回：通"徘徊"。

【品析】杏花正开放时，大家常常一起来杏园寻芳宴饮，而现在我又来了，却见杏花落尽，杏子初结，可知春天即将过去。当时一起来赏春的朋友们，你们都到哪里去了呢？而今只有我又回来了，在结子的杏树下徘徊，回味那杏花怒放时节的欢畅！

杏园是诗人心中绕不过的一个情结，只要时机契合，哪怕是秋天，诗人都会发乎言辞。白居易《八月十五日夜湓亭望月》："昔年八月十五夜，曲江池畔杏园边。今年八月十五夜，湓浦沙头水馆前。西北望乡何处是，东南见月几回圆。临风一叹无人会，今夜清光似往年。"

白居易另有《杏园花落时招钱员外同醉》："花园欲去去应迟，正是风吹狼藉时。近西数树犹堪醉，半落春风半在枝。"最后一句是说，杏园里的杏花就如同曾经考取进士的俊才们，多年以后，有的被贬到外地犹如落花，还有一些人经历磨难，仍然坚如磐石，如同枝上花。或者也可以换一个角度来理解，有一半的人才受到排挤打压，而另一半的人则仍然是高官厚禄，自在清闲。

白居易很喜欢游杏园。如《曲江忆元九》："春来无伴闲游少，行乐三分减二分。何况今朝杏园里，闲人逢尽不逢君。"这是写自己来游杏园，因为元稹没有同来，所以觉得遗憾。又有《曲江早春》："曲江柳条渐无力，杏园伯劳初有声。可怜春浅游人少，好傍池边下马行。"园中游人少，所以可以牵着马一道前行，看来也没有朋友陪他来春游。又有《酬哥舒大见赠》："去岁欢游何处去，曲江西岸杏园东。花下忘归因美景，尊前劝酒是春风。各从微宦风尘里，共度流年离别中。今日相逢愁又喜，八人分散两人同。"去年八人同游，如今却只有二人相遇。《和元九与吕二同宿话旧感赠》："见君新赠吕君诗，忆得同年行乐时。争入杏园齐马首，潜过柳曲斗蛾眉。八人云散俱游宦，七度花开尽别离。闻道秋娘犹且在，至今时复问微之。"

杏花结子春深后（黄海摄）

杏 园

［唐］姚合[1]

江头数顷杏花开[2]，车马争先尽此来。欲待无人连夜看，黄昏树树满尘埃。

【注释】 [1] 姚合（777—843）：字大凝，陕川硖石（治今河南三门峡市陕州区东硖石乡）人。中唐苦吟诗人，世称"姚武功"，与贾岛齐名。有《姚少监诗集》。[2] 顷：田亩的单位，唐代以一百亩为一顷。

【品析】 这是一首描写人们扎堆游观杏花的诗，却不是一般的春游之作，其中别有一番滋味。人们这样疯狂地观花，首先是与游春分不开的。杏花是春天第一丛报春花，是春天的信使，是"二十四番花信风"中的第十一信。因此，人们乐于在春天游观杏花，正如晚唐韦庄词中所说的："春日游，杏花吹满头。"但此诗的用意不止于这一层，它还暗示了人们对"杏园政治象征"的追寻。杏园是新科进士举行宴会的地方，也是人们政治理想的寄托之所。唐代科举考试录取人数很少，只有被录取者才能参加杏园宴，但借游春来察看杏园芳讯的人则大有人在。

姚合于元和十一年（816）进士及第，还写有《杏园宴上谢座主》诗："今日无言春雨后，似含冷涕谢东风。"说明他后来真的参加了杏园宴。所谓"冷涕谢东风"，是说成功之后对"座主"（主考官）不能不表示感谢，不过此时流出的却是冰冷的眼泪，说明他的热情已因多次科举考试的不顺而消退。

杏 园

[唐] 元稹[1]

浩浩长安车马尘，狂风吹送每年春。门前本是虚空界[2]，何事栽花误世人。

【注释】 [1]元稹（779—831）：字微之，河南（府治今河南洛阳）人。"元白诗派"的主将，"新乐府运动"的重要作家。元稹还有著名传奇作品《莺莺传》，著有《元氏长庆集》。 [2]虚空界：佛学术语，谓眼所见皆空。

【品析】 这首诗展露了作者看破世事功名的心态。后一联说，所谓一切皆空，眼前团团红杏都不过是虚空之境。既然如此，为何还要栽花误人呢？元稹一生经历复杂，起于底层，终于高层，经历过诸多波折，因此他想通过杏花的繁华与凋落来警示世人，末句甚至隐含着一层对当权者的怨望之意。

元稹是最喜欢杏花的唐代诗人之一。他的传奇小说《莺莺传》中也有一棵杏树，是张生"跳墙"的扶手："崔之东墙，有杏花一株，攀援可逾。既望之夕，张因梯其树而逾焉，达于西厢，则户半开矣。"这里的杏花似乎已有"红杏出墙"之寓意。

元稹另有《杏花》诗："常年出入右银台，每怪春光例早回。惭愧杏园行在景，同州园里也先开。"意思是，同州城里的杏花竟然比京城杏园的花开得更早呢。大历年间杨凭《春中泛舟》："仙郎归奏过湘东，正值三湘二月中。惆怅满川桃杏醉，醉看还与曲江同。"在诗人的醉眼中，湘江边的杏花看来也与曲江杏园中没什么两样。其实，一在江湖，一在都中，差别大着呢。

下　第

[唐] 贾岛[1]

下第只空囊，如何住帝乡。杏园啼百舌，谁醉在花傍。泪落故山远，病来春草长。知音逢岂易，孤棹负三湘。

【注释】 [1] 贾岛（779—843）：字阆仙，范阳（今河北涿州）人，中唐诗人。早年出家为僧，号无本。后还俗参加科举，累举不中第。曾做长江主簿。善苦吟，与孟郊合称"郊寒岛瘦"。韩愈非常欣赏贾岛，有"推敲"之说。著有《长江集》。

【品析】 诗人这次考试很不顺利，囊中早已空空，这样在京城如何混得下去呢？经过杏园时，听到那莺声高唱，看那群醉倒在杏花枝下的新科进士们，诗人不由得发出深沉感叹。唐宋诗词喜欢将莺声与杏花相比类，因为它们都是报春的信使，一动一静，意境自成。那些个"啼百舌"的鸟儿，你以为真只是黄莺鸟吗？其实那些新科进士们在杏园中快乐的呼叫声也夹杂其间。

后人曾用贾岛的这层诗意入诗。如宋代诗僧智朋《偈倾一百六十九首》之七十一直引了贾岛这一联诗："一切声是佛声，一切色是佛色。三分光阴二早过，普天匝地逐春忙。辜负春光，肠断春光。杏园啼百舌，谁醉在花傍。"又如南宋诗人汪莘《寄潘粹》："红杏园林催百舌，绿杨洲渚荐重唇。"

贾岛《送卢秀才游潞府》诗云："能赋焉长屈，方春宴杏花。"所谓"宴杏花"就是"杏园宴"，这是安慰朋友卢秀才：你的文采那么好，只待春天到来，一定会高中头名而受邀参加杏园宴的。

下第寄司马札[1]

[唐] 温庭筠

几年辛苦与君同，得丧悲欢尽是空。犹喜故人先折桂[2]，自怜羁客尚飘蓬[3]。三春月照千山道，十日花开一夜风。知有杏园无路入，马前惆怅满枝红。

【注释】 [1] 诗题又称《春日将欲东归寄新及第苗绅先辈》。 [2] 折桂：古人称考中进士为"蟾宫折桂"。 [3] 羁（jī）客：骑马之人，指旅客。羁，马的笼头。

【品析】 和自己一同参加考试的朋友考取了，自己却下第了，诗人心情很不好，但他还是鼓足勇气为朋友写了一首贺诗。

以杏花（杏园）象征科举功名的写法，晚唐以后几乎成为惯例。这首诗并不是特别富有创意，但因为是自己真实、复杂心情的表达，写的还是很有些亮点的。第一个亮点是，诗是寄给跟他一道参加考试的成功者。这需要很大的勇气，更需要平和的心态，否则会让朋友觉得尴尬。第二个亮点是最后一句。他有一个"杏花梦"——杏花满枝红！这是多么具有诱惑力的景象，而他却错失在人生进阶的这个季节里。"满枝红"是这首诗的诗眼，它能让读者仿佛置身于那个红花烂漫的场景之中，在花团锦簇的春意前，我们见到的却是一个失魂落魄者的惆怅身影！

那么正在杏园里饮酒的人又是什么感觉呢？皮日休《登第后寒食杏园有宴》："雨洗清明万象鲜，满城车马簇红筵。恩荣虽得陪高会，科禁惟忧犯列仙。当醉不知开火日，正贫那似看花年。纵来恐被青娥笑，未纳春风一宴钱。"南宋魏了翁的诗也说得明白："杏园犹记赏花同，忍看前旌照眼红。"无论及第与否，满

临水曲杏（槐下摄）

眼都是"红"，及第者在园内"得陪红筵"，落第者在园外"马前惆怅满枝红"。

远离了名利场，温庭筠自有安慰处。他有一首七律《敬答李先生》："七里滩声舜庙前,杏花初盛草芊芊。绿昏晴气春风岸,红漾轻轮野水天。不为伤离成极望,更因行乐惜流年。一瓢无事麋（mí）裘暖,手弄溪波坐钓船。"杏花开时，再也不必去杏园惆怅了，野外垂钓是最好的行乐方式。其实，这首诗里仍然有一股浓浓的"怨望"之气，即对自己求取功名不得的遗憾。

北宋词人晁端礼《水龙吟》下片曾化用此诗的最后一句："春阴挫后，马前惆怅，满枝红浅。深院帘垂，雨愁人处、碎红千片。料明年更发，多应更好，约邻翁看。"已大大化解了温诗所表达的理想之痛，失意者无法进入杏园，只能想象那"满枝红"的盛况。

下第出关投郑拾遗

[唐]杜荀鹤[1]

丹霄桂有枝，未折未为迟[2]。况是孤寒士，兼行苦涩诗。杏园人醉日，关路独归时[3]。更卜深知意，将来拟荐谁。

【注释】 [1]杜荀鹤（846—904）：字彦之，号九华山人。池州石埭（今安徽石台）人。大顺二年（891）进士及第，不久唐朝灭亡，回到池州。今存《唐风集》。 [2]丹霄：本指天空，这里也指代京都、朝廷。未折：折，折桂，指考取进士。未折，指未考取进士。 [3]关路：指从长安往东的出关之路。关，指函谷关或潼关。函谷是出关中平原的一条狭窄的山道，东边出口叫函谷关，西头出口即潼关，在陕西与河南交界处。

【品析】 杜荀鹤一生大多时候都在赶考的路上，他还有《下第投所知》《下第东归别友人》《下第东归道中作》《下第寄池州郑员外》《下第东归将及故园有作》等"下第诗"。这一首是"出关"寄诗，他还有《入关寄九华友人》："箧里篇章头上雪，未知谁恋杏园春。"《遣怀》："红杏园中终拟醉，白云山下懒归耕。"诗中所咏及的杏园、红杏意象都与追求功名相关。

"杏园人醉日,关路独归时"一联,是"诗眼"。对仗非常工整,意义也十分明确。"杏园"与"关路"两个意象,分别对应别人的高中与自己的独归,尊荣与落寞,两相对比,反差强烈。这联诗往往成为失意者表达失落情怀的独特话语,甚至成为警句。"……时,……日"的对仗结构,唐诗中也很常见,名句如白居易诗:"当君白首同归日,是我青山独往时。"

曲江红杏

[唐]郑谷[1]

遮莫江头柳色遮[2],日浓莺睡一枝斜。女郎折得殷勤看,道是春风及第花。

【注释】[1]郑谷（851—？）：字守愚,宜春（今属江西）人。早慧,僖宗时进士,官至都官郎中,人称"郑都官"。又以《鹧鸪》诗得盛名,人称"郑鹧鸪"。咸通中,与许棠、温宪、张乔等相和酬,号"咸通十哲"。现存《云台编》。
[2]遮莫：不管,不论。

【品析】此诗所写正是春日曲江观杏花之景象。前两句,用万绿丛中一枝红的点染法,突出了红杏一枝横斜出绿荫的娇嫩芳姿。日浓,丽日晴明的天气;莺睡,暖风吹拂,娇莺也醉眠于花枝之上。后两句,写一个游春的女郎,因为发现了这枝突兀的花枝,于是折下来,好奇而爱惜地打量着,不由发出感叹："我当是什么花呢,原来是一枝春风及第花啊！"

小诗重点聚焦于春游女子的憨态与期盼之上,微妙地展现了她芳心如醉的春情。她故弄玄虚地辨识花枝,其实她早已知道,这是一枝功名富贵花,暗含着对个人美好婚姻的期盼,她何尝不想追寻一个春风及第郎！

这首诗有如绘画,画出了一枝红杏出绿荫的"破色"景象,可与同时代吴融"一枝红杏出墙头"的创意媲美。

下第后上永崇高侍郎[1]

[唐] 高蟾[2]

天上碧桃和露种[3]，日边红杏倚云栽。芙蓉生在秋江上，不向东风怨未开。

【注释】 [1] 永崇：指永崇里，唐代长安里坊之一。白居易有《永崇里观居》诗。高侍郎，据说是礼部侍郎高湜。 [2] 高蟾：生卒年均不详。经人推荐登进士第，官至御史中丞。与诗人郑谷、贯休等为友。有诗集一卷传于世。 [3] 碧桃：又名千叶桃，是桃树的一个变种，凡是半重瓣及重瓣的桃花，统称为碧桃，有白碧桃、撒金碧桃、红叶碧桃等种类。这里指仙桃。

【品析】 这是一首下第后的"陈情诗"，或称"行卷诗"。据《唐才子传》卷九记载，高蟾因老是考进士不第，便向朝中达官马侍郎献上此诗，据说，不久就高中进士。

第一联对仗精严而顺畅，意蕴深厚，已成为明清时代民间常用的春联。《红楼梦》第六十三回"寿怡红群芳开夜宴"，探春抽到一枝花签，就是"日边红杏倚云栽"。花签附言说："得此签者，必得贵婿"，暗示探春远嫁。李汝珍《镜花缘》第八十回制灯谜，也用此联作谜面，射"凌霄花"，因为"天上碧桃""日边红杏"均是高高在上的喻指。

天上碧桃从"王母蟠桃"到"九重春色醉仙桃"的观念演变，"日边红杏"作为新科进士"杏园宴集"的尊荣，"和露""倚云"所代表的朝廷兼及达官显贵的青睐，都说明科考成功人士哪里离得开朝廷的恩典与权贵的关照啊。而我就像秋江上的一枝芙蓉花，虽然高洁自信，风姿绰约，但却不能与杏花同开在大好春光里，只能凋落在秋风中。或者说，我在秋江上顾影自怜，朝廷的"东风"怎么可能吹拂于我呢？所以我"不怨"——不怨，也许是真的很怨！

将红杏与碧桃对举，唐诗中偶见。如许浑《泛溪夜回寄道玄上人》："南郭烟光异世间，碧桃红杏水潺潺。"高骈《访隐者不遇》："惆怅仙翁何处去，满庭红杏碧桃开。"齐己《杨柳枝》："争似着行垂上苑，碧桃红杏对摇摇。"许浑、高骈诗都意在神仙，齐己诗为伤春，都不如高蟾这首诗意涵丰沛。

日边红杏（槐下摄）

曲江亭望慈恩寺杏园花发 [1]（节选）

[唐]陈羽 [2]

曲池晴望好，近接梵王家 [3]。十亩开金地，千林发杏花。映云犹误雪，照日欲成霞。紫陌传香远，红泉落影斜。

【注释】 [1]这首诗作者也署作沈亚之，有异文。此处节选四联。 [2]陈羽：唐德宗贞元年间进士，非宋初撰写《桐谱》的陈羽。《全唐诗》还同录了李君何、周弘亮、曹著等人的同题诗，他们都是贞元四年（788）刘太真榜进士。 [3]梵王家：佛寺，这里特指慈恩寺。

【品析】 这首正面描绘杏园的诗，当是考场上的应试之作。诗中说：曲江的天气真晴朗，附近的慈恩寺就像在眼前。杏园中大约十亩地的范围内，种植了上千棵杏树。花开成阵，白的像雪，红的像霞。浓浓的花香在春天的大道上一路狂奔，落英就像红色的泉水一样纷纷落下。

丙申春日画
凌必正

［明］凌必正《杏花柳燕图》，见于中国嘉德 2017 年春季拍卖会

这首诗罕见地向我们介绍了杏园的占地规模和植株多少。其实杏园的空间是有限的，占地一般十亩左右，只是一个小型的花园，这里确实是"黄金地段"，它的存在意义不在于大小，而在于它所附着的政治意义。"映云犹误雪，照日欲成霞"，这句是说杏花红红白白才是真。鉴于杏花颜色的深浅不一，杏花诗对之很难界定，大致在红与白两项之间。红的如庾信《杏花诗》："好折待宾客，金盘衬红琼。"白的如杜甫《早花》："盈盈当雪杏，艳艳待春梅。"

当时同题的"高考作文"大都是这样充满夸饰与欢快的风格。李君何的诗说："光华临御陌，色相对空门。野雪遥添净，山烟近借繁。"周弘亮的诗说："萼中轻蕊密，枝上素姿繁。拂雨云初起，含风雪欲翻。"曹著的诗说："异香飘九陌，丽色映千门。照灼瑶华散，葳蕤玉露繁。"

送蜀人张师厚赴殿试 [1]

[宋] 苏轼

云龙山下试春衣 [2]，放鹤亭前送落晖 [3]。一色杏花三十里，新郎君去马如飞。

【注释】 [1] 本诗共两首，这是第二首。 [2] 云龙山：位于江苏徐州市城南，又名石佛山。试春衣：试穿春天的衣服，表示春天到了。 [3] 放鹤亭：在徐州云龙山上，为当地隐士张天骥所建。苏轼任职徐州时与张为好友，苏轼专为其作《放鹤亭记》。

【品析】 这是一首送人应试的名篇。诗中写道：你看云龙山下春意正浓，放鹤亭上晚霞如染。在这里为你送别，希望你这次前去朝廷应考，能够马到成功。你看见了吗？你前面的三十里大道上杏花连片开放，一路通红，都在为你送行。让你的马儿跑得更快些吧，前面的成功正在等着你！

张师厚是眉州眉山人，与苏轼是地地道道的老乡。这二首诗的第一首说："忘归不觉鬓毛斑，好事乡人尚往还。"据说，当时张师厚已经通过了省试，正准备前去参加殿试。根据当时的惯例，他专程前去拜望正在徐州任职的老乡苏轼，希望他能够向朝廷举荐自己。苏轼自然是乐意的，在他离开徐州前往汴梁应考前，苏轼在放鹤亭为他饯行，并赠诗二首。

这首诗的后两句写得非常欢快与阳光，好像似锦的前程就在眼前，只要他一去，立马高中。杏花在这里是科举功名的象征。"一色杏花三十里"这一句非常有画面感，是对当事人快乐心情的生动写照。一个人若能从三十里杏花丛中骑马穿行，心情会是怎样的明朗与激昂！哪里有这么密集的杏花呢？自然只有杏园中才会有。这个名句后来几乎成为一个成语，其他诗人也化用过。如南宋程俱《同许干誉步月饮杏花下》："红云步障三十里，一色繁艳无余香。"喻良能《送李深卿赴省试》："曲江深院题名处，应有春风得意诗。为想杏花三十里，却思三五少年时。"金代元好问《雪行图》："太一仙舟云锦重，新郎走马杏园红。骑驴亏杀吟诗客，到处相逢是雪中。"元代柯九思《题钱舜举画杏花》："金水河边三十里，落红如雨玉骢骄。"

不过，从宋代开始，文学作品中凡是提到杏园的，都只是借代，因为长安杏园早已不存在了。宋代的都城在今天的开封，城中是没有"杏园"的。王禹偁有一首《杏花》诗说的就是这个情况："长安废弃迁都后，曲沼荒凉一梦中。见说旧园为茂草，寂寥无复万枝红。"因为文学的传承，"杏园"这个意象一直存在于宋后的文学作品中。究其实，唐人笔下的杏园也多是虚拟。"杏园赐宴"的传说起源于中唐，杏园聚会也是在中唐开始盛行的。到了晚唐，长安杏园已经风光不再。经过唐末五代的动荡，长安城遭到巨大破坏。入宋之后，旧址不存。宋代也未必有人真到长安曲江杏园去游宴并写诗了。

感　怀

[宋] 陶梦桂[1]

记得当年宴杏园，旁人尽道似神仙。全家自此废耕织，枉费公家多少钱。

【注释】[1] 陶梦桂（1180—1253）：字德芳，隆兴府（今江西南昌）人。宁宗嘉定十三年（1220）进士，官至朝请郎。有《平塘陶先生诗》。

【品析】 这是一首带有自嘲性质的诗。诗中写道：记得当年高中进士时，我也参加过杏园盛宴，别人都夸我真是神仙一流人品啊。可是谁曾料到，自从我做了官之后，一家老小从此再也不需要从事农耕纺织活动。回头看去，这么多年以来，全家人浪费了多少公家发给的工资啊。这样自我批评连带批评他人的诗歌比较少见，它反映出作者对多年来领取官俸的一种自责心理，原因可能是他觉得自己并没有为公家百姓做出什么有意义的事，体现了传统知识分子的良知。要知道，全家废耕织、枉费公家钱的起点正是从杏园开始的。杏园是功名的象征。当然，出自宋代诗人笔下的杏园已经只是一个纯粹的文学意象，不再具有现实依托。

二月杏花对联

[清]彭元瑞[1]

何物动人？二月杏花八月桂；有谁催我？三更灯火五更鸡。

【注释】 [1]彭元瑞（1731—1803）：字掌仍，江西南昌人，清代大臣、学者，楹联名家，与蒋士铨合称"江右两名士"。

【品析】 这是一副关于功名与勤学的名联。古代科举考试，乡试安排在八月，即桂花开放之时；会试在第二年春二月放榜。二月正是"杏月"，唐时，新科进士能参加"杏园赐宴"。杏，也是"幸"的谐音。二月杏花，即为杏园与科第的象征。这副对联语言浅显，明白如话，但寓意深刻，是好学者的励志名言，因此自清代以来，在民间广为传诵。

二、文学

自北朝庾信《杏花》诗之始，杏花意象在中唐之后大放异彩，除了杏坛、杏园、杏林的专题寓意之外，又形成了多种新生意旨。唐宋时代，以"杏花"为题的诗作虽然不能与梅花意象相提并论，但也有庞大的写作队伍，各类杏花诗出新斗奇，并从杏花主题中逐渐分离出"水边杏""墙头杏""杏花村"等独特的审美意象。

（一）杏花

选录在此专题下的大多是题名"杏花"之作，其所包含的诗意各有不同，有的咏史，有的自拟，有的写态，有的赏花，还有的写西域杏花，不一而足。从这一组诗中，我们可以从多个角度观察杏花意象在诗人审美境界中的风神和寓意。

汉宫曲[1]

[唐] 韩翃[2]

骏马绣障泥，红尘扑四蹄。归时何太晚，日照杏花西。

【注释】[1] 原诗有两首，这是第一首。 [2] 韩翃（719—788）：字君平，南阳（今属河南）人，"大历十才子"之一。天宝十三年（754）进士，闲居长安十年。建中年间，传说因作一首《寒食》而被唐德宗所赏识，官至中书舍人。著有《韩君平诗集》。

【品析】 这首明白如话的小诗诗味十足，那味道是从杏花意象散发出来的。骏马奔行中，迎面扑来的红尘，其实是被风卷起的杏花落英。"红尘扑四蹄"那种动态的画面让人印象极为深刻。后来刘禹锡《戏赠看花诸君子》有诗句"紫陌红尘拂面来，无人不道看花回"，说的是"花拂人面"。此诗看似"花扑马蹄归"，又何尝不是花扑人面兼马蹄！观花者归来为何那么晚呢？因为一路上要看的花儿实在太多。太阳快要下山了，那就再看一眼夕阳中的杏花吧！花儿无限好，只是近黄昏。

南宋诗人宋无《唐人四马卷》："昨日杏园春宴罢，满身红雨带花归。"诗虽是宋人所作，却是为唐人名画《四马图》而题，可见"马踏杏花"是唐人喜爱的主题。骏马归来花满身，那是穿过杏树花枝留下的落英。马儿行在杏园里，那也必然是"红尘扑四蹄"。

诗题称《汉宫曲》，可以理解为这是一首宫词，诗中骑马观花的是宫女。小诗写出女子娇憨、投入、忘我的惜花之情。

杏　花

[唐]韩愈[1]

居邻北郭古寺空，杏花两株能白红。曲江满园不可到，看此宁避雨与风。
二年流窜出岭外[2]，所见草木多异同。冬寒不严地恒泄[3]，阳气发乱无全功。
浮花浪蕊镇长有[4]，才开还落瘴雾中。山榴踯躅少意思[5]，照耀黄紫徒为丛。
鹧鸪钩辀猿叫歇[6]，杳杳深谷攒青枫。岂如此树一来玩，若在京国情何穷。
今旦胡为忽惆怅[7]，万片飘泊随西东。明年更发应更好，道人莫忘邻家翁[8]。

【注释】 [1] 韩愈（768—824）：字退之，河南河阳（今河南孟州）人，郡
望昌黎，世称"韩昌黎"。中唐著名诗人、散文家、政治家。著有《昌黎先生
集》。　[2] 二年：韩愈于贞元十九年（803）冬天被贬为广东阳山县令，待了两
年多后，被移为江陵（今湖北荆州）法曹参军。这首诗写于元和元年（806）初春，
诗人在江陵。这一年的六月，韩愈回到长安。　[3] 地恒泄：指岭南无大寒天气，
地气不易凝结。　[4] 镇：经常。　[5] 踯躅（zhízhú）：花名。宋人祝充注韩集引
《本草》："其木高三四尺，花似山石榴。"一说即映山红（杜鹃花）。白居易《题
元八溪居》："晚叶尚开红踯躅，秋芳初结白芙蓉。"今人郭沫若《杜鹃》："声是
满腹乡思，血是遍山踯躅。"　[6] 钩辀（gōuzhōu）：古人认为，鹧鸪鸟叫声的象
声词为"钩辀格磔"。　[7] 今旦：今天早晨。　[8] 邻家翁：指作者本人。

【品析】 诗人在江陵城北居住，附近有一座古庙，寺庙的院子里有两棵杏树。
春天到了，杏树不知不觉地开起花来，一棵白花，一棵红花。诗人来到空空荡荡
的古庙前，惊喜地发现了它们，那真是极尽芳菲之能事，白白红红，浅浅深深。
一千多年后，我们仍然能够感受到这两树杏花丰富的色彩。

　　韩愈诗中"杏花两株能白红"一句虽是写实，却又无意中形成一个杏花偏红
或偏白的美学创意，此后杏花诗都绕不开它。南宋诗人滕岑《杏花》化用了这一
对意象："君家两杏闹春色，浓淡胭脂染不齐。""两杏"指的就是"白杏"与"红杏"。
有人因之称杏花为"二花"。宋潘自牧《记纂渊海》卷九十三引《河东备录》曰：
"阮文姬插鬓用杏花，陶溥公呼为二花。"有好事者，常翻新意。如"元诗四大家"

杏花两株能白红（槐下摄）

之一的范梈（pēng）有《二杏》："北邻杏一株，身作龙盘挐。直上青天中，虚空高结花。南邻杏更好，枝干相交加。三月二月时，匝地堆红霞。"所写杏花一高一低，也颇有风致。

古苑杏花

[唐] 张籍

废苑杏花在[1]，行人愁到时。独开新堑底[2]，半露旧烧枝。晚色连荒辙[3]，低阴覆折碑[4]。茫茫古陵下，春尽又谁知。

【注释】 [1]废苑：废弃的花园。 [2]堑（qiàn）底：沟底。 [3]荒辙：偏僻道路上的车辙。 [4]折碑：折断的古碑。

【品析】 这首诗将生机勃发的杏花与废弃无人的荒园作对比，表达对人生浮沉、人世荣衰的感叹，强烈的对比是此诗的特色。

春日的某一天，满腹愁怨的诗人行走在路上，来到一片废弃的花园门口。园中的亭台楼阁都已倒塌，可是园中的杏花还在怒放。这眼前的一幕，就如南宋诗人戴复古《淮村兵后》所写的："小桃无主自开花，烟草茫茫带晓鸦。几处败垣围故井，向来一一是人家。"园中的杏花开得多么春风得意啊！它们不择地而开，连沟渠底下也花开成片；在一堆杂物中间，哪怕露出一两枝来，那花也如同燃烧的火焰一般。黄昏来临时，远远望去，花色融入夜色，掩映着荒芜的道路，低垂的花阴覆盖了折断的古碑。废园边的这个古陵墓，墓主不知何人。在这空寂无人、繁华歇尽的旧花园边，花开花落。要不是今天我偶一相遇，又有谁会知道这个被遗忘在角落里的芬芳和幽静呢！

强烈的对比，是诗人常用的手法，只有对比才能产生令人震撼的艺术效果。诗中的古苑、废苑、荒辙、折碑、古陵这组意象，是繁华与衰朽的象征——曾经的繁华，眼前的衰朽。而杏花却不管这些人事变迁，仍然"无主自开花"，可见其生机勃发，自在多情。

游赵村杏花

[唐] 白居易

赵村红杏每年开[1]，十五年来看几回[2]。七十三人难再到，今春来是别花来。

【注释】 [1] 赵村：在洛阳城东，据说村中有杏树千余株。或称"游村"，见白居易《狂吟七言十四韵》诗："洛堰鱼鲜供取足，游村果熟馈争新。"可见赵村是一个春游胜地，不仅有杏，附近还有桃李园。白居易另有《洛阳春赠刘李二宾客》："水南冠盖地，城东桃李园。雪销洛阳堰，春入永通门。……樽前春可惜，身外事勿论。明日期何处，杏花游赵村。"自注："洛城东有赵村，杏花千余树。"[2] 十五年：指其退居洛阳十五年。白居易《刑部尚书致仕》诗："十五年来洛下居，道缘俗累两何如？"

【品析】 赵村是洛阳城东因杏花而驰名的一个"农家乐"，诗人自退休闲居之后，几乎每年春天都要来看红杏花。当年一起来看花的诸位"驴友"而今都已老废或病亡，而他呢，这次来看杏花，其实也是为了与它们诀别而来。

白居易去世于唐武宗会昌六年（846），这首诗作于会昌二年（842），这年之后，他似乎没有再游赵村，可见这次他真是与娇花作别而来。这样的小诗，以火红的杏花为参照物，以十五年大跨度的时间流逝和七十三位友人大团队的解散，来衬托生命倏忽的无奈。尤其是最后一句，看似平淡，其意沉痛，有一种生离死别的况味，同时也可见诗人闲适旷达的情怀。

南宋杨万里《赵村》也有："杏花千树洛阳春，白傅年年爱赵村。"金代元好问有诗《张村杏花》："昨日樱桃绛蜡痕，今朝红袖已迎门。只应芳树知人意，留著残妆伴酒尊。浓李尚须羞粉艳，寒梅空自怨黄昏。诗家元白无今古，从此张村即赵村。"

杏　水[1]

［唐］姚合

不与江水接，自出林中央。穿花复远水，一山闻杏香。我来持茗瓯[2]，日屡此来尝[3]。

【注释】 [1] 姚合有五言诗《杏溪十首》，这是第七首。杏溪是地名，在金州（今陕西安康）山中，属汉中地区，溪因杏而得名。但溪谷中并非仅有杏树，组诗中另有《莲塘》《架水藤》《渚上竹》《枫林堰》等，可见植物繁多，景色幽美。[2] 茗瓯：茶具。瓯，盛水的小盆。　[3] 屡：多次。

【品析】 杏溪是出自深山的一条小溪，远离大江，源自茂林。穿过杏花丛，远流山外去。"一山杏花"是杏花审美的极佳创意，言简意远，摄人心魄。满山都是杏花醉人的清香，使溪水更显清澈。诗人每天都要来到溪边好几次，取水烹茶。杏溪是一处大地名，看来是因杏水这条小溪而得名。诗僧无可《过杏溪寺寄姚员外》有："门径众峰头，盘岩复转沟。云僧随树老，杏水落江流。"这杏水不与汉江直通，看来是通过瀑布落到汉江中去的。姚合《游杏溪兰若》诗云："月明松影路，春满杏花山。"可见杏溪漫山都是杏花树。

寓 言[1]

[唐]杜牧[2]

暖风迟日柳初含[3]，顾影看身又自惭[4]。何事明朝独惆怅，杏花时节在江南。

【注释】 [1]这首诗不载于杜牧《樊川文集》，见于宋人辑录的《樊川别集》，《全唐诗》卷五百二十五收录。 [2]杜牧（803—853）：字牧之，号樊川居士，京兆万年（今陕西西安）人，晚唐诗人。曾任黄州、池州、睦州刺史等职。人称"小杜"，与李商隐并称"小李杜"。著有《樊川文集》。 [3]迟日：春日。语出《诗·豳风·七月》："春日迟迟。"杜甫《绝句》："迟日江山丽，春风花草香。" [4]顾影看身：自顾自怜，有自矜、自负之意。

【品析】 杜牧多次到江南任职，曾在扬州、宣州入幕，后又"三守僻左，七换星霜"，于唐武宗会昌二年（842）外放为黄州刺史，迁池州、睦州刺史，后两地都在江南。

这首诗名为"寓言"，并非真的寓言，然而确有"意在此而言寄于彼"之意。最后一句"杏花时节在江南"表面看写的是美不胜收的景致，但其本意却是，我之所以独自惆怅于春花烂漫的季节，乃是因为我身在江南，心在长安！杜牧外放江南，也是很不得志的，他时时希望回到长安任职，所以特借杏花抒怀，因为杏花时节，长安杏园中的杏花也将开放，而他却不能身临其境。李白有诗"西望长安不见家"（《黄鹤楼闻笛》）、"长安不见使人愁"（《登金陵凤凰台》）。杜甫曾经"每依北斗望京华"（《秋兴八首》之二），杜牧可谓"每见杏花思长安"。结合杜牧《清明》诗中所写的杏花村，这首诗也有人认为是诗人在安徽池州杏花村所作，因为杜牧于会昌四年至六年（844—846）任池州刺史。

街头杏花（槐下摄）

杏 花

[唐]李商隐

上国昔相值[1]，亭亭如欲言。异乡今暂赏，眽眽岂无恩[2]。援少风多力，墙高月有痕。为含无限意，遂对不胜繁。……莫学啼成血[3]，从教梦寄魂。吴王采香径[4]，失路入烟村。

【注释】 [1]上国：指长安城，特指长安杏园。 [2]眽眽（mò）：默默地用眼神或行动表达情意的样子。 [3]啼成血：杜鹃啼血。 [4]吴王采香：据《吴地志》载，吴王遣美人采香于香山，故有采香径。

【品析】 这是一首五古言志诗，此处只选取了首尾共六联。前四联是说，长安杏园的杏花我过去也曾看过，现在，它们开得一定很好，似乎有话要说的样子。

我流落在异乡，看着同样的杏花，它们难道不能像长安杏花那样知道我的处境吗？它那弱不禁风、伤感多情的样子好像是懂我的心情。后两联说，杏花那娇红的模样，莫不是杜鹃啼成的血、梦中丢失的魂？难怪吴王的美人们入山采香会迷路，我正迷失在杏花季节，无路可寻，误入了烟村深处！

诗歌用长安杏花与异乡杏花作对比，表达自己被放逐偏远地、无路入青云的苦闷。因为杏花是功名花、及第花，代表着政治上的升迁，而身处乡野的杏花，形虽似而意不同，作者是从这个层面来为杏花设喻的。

这首诗中杏花的神态是"亭亭"，非常秀气的样子。同时表达了杏花"娇弱"的神态："援少风多力，墙高月有痕。""墙高月有痕"是说，出墙杏花在月亮下投下倩影。李商隐另有诗《清夜怨》："绿池荷叶嫩，红砌杏花娇。"这里杏花的特色是"娇红"。郑谷《小桃》有："撩乱春风耐寒令，到头赢得杏花娇。"看来杏花比桃花更"娇"。诗中还点出了"繁杏"的特征："遂对不胜繁。"

杏 花

[唐]罗隐 [1]

暖气潜催次第春，梅花已谢杏花新。半开半落闲园里，何异荣枯世上人。

【注释】 [1] 罗隐（833—910）：字昭谏，杭州新城（今浙江杭州市富阳区）人，晚唐诗人。累试不第。黄巢起义后，曾避乱隐居池州。后归乡，依吴越王钱镠。有《甲乙集》《谗书》等。

【品析】 这首诗选取了一个独特的视角，将花期不同的梅花与杏花比拟为"荣枯世上人"。梅花只是陪衬，是过气者，是枯；杏花才是主角，是幸运者，是荣。这种比拟让人印象深刻。春天到了，各种春花次第开放。小园中，最先报春的梅花刚刚开过，杏花便登场了。这本属自然现象，游人也乐得花事不断，看完梅花看杏花。但在诗人眼中，这番景象却寓含着深刻的人生哲理。幽静的小园里，人迹罕至，只有花儿在那里辞旧迎新，"你方唱罢我登场"。花期已过，正大半凋落的是梅花；花信刚至，才半吐芬芳的是杏花。在饱经沧桑的诗人看来，这番景象，与人世间枯荣交替的命运何其相似！梅花已枯正如不遇之人，杏花正繁恰似得意之徒。

力疾山下吴村看杏花十九首[1]（选二）

[唐] 司空图

其 一

春来渐觉一川明，马上繁花作阵迎。掉臂只将诗酒敌[2]，不劳金鼓助横行[3]。

【注释】[1]力疾：指眼病。司空图组诗《歌者十二首》之八曾说"自怜眼暗难求药"。吴村，在今陕西华阴的华山脚下。 [2]掉臂：表示不顾而去。 [3]金鼓：四金和六鼓。敲击金鼓，常用于行军与战斗，后亦泛指金属乐器和鼓。

【品析】 司空图是唐代留下杏花题名诗最多的诗人，一共有二十三首杏花诗。这一组诗是他在华阴闲居时到华山脚下的吴村看杏花所作，但十九首所写并非都直接与杏花有关，诗中颇多伤怀。

这是第一首。特色是将吴村的杏花看成"杏花阵"，那是因为这里的杏花非常繁盛。围绕一个"阵"字，将这首诗写活了，写出春花丛中的一股金戈铁马的味道。诗人骑着马来到村前，那些开得正艳的杏花列队欢迎，就像两军对垒的前线，当然这只是"杏花阵"。在阵前，他的第一反应是，我眼前的敌人不是其他，而是诗与酒，看来我要与它们大战一番了。

[清] 王武《仿陆治杏花白鸽图轴》（天津博物馆藏）

其十二

造化无端欲自神[1]，裁红剪翠为新春。不如分减闲心力，更助英豪济活人。

【注释】 [1] 造化：创造，化育。指自然界的创造者，也指大自然。

【品析】 这是第十二首，是一首强调社会责任、带有批评锋芒的讽喻诗。第一联写老天爷巧夺天工，神通广大，每到春天，就像一个艺术大师一样随心所欲地"雕花刻叶忙"（第五首诗句）。后一联对这现象提出严厉的批评：大自然既然有这样的闲心和能力，为何不为天下苍生济世谋生呢？这首诗之于杏花，主要赞叹其巧夺天工的神韵。

诗人的这个视角非常独特，从自然到人事的联想背后是一颗社会良心。司空图在文学史中常被定位成"写山水隐逸的闲情，但内容非常单薄，有形式主义的倾向"（游国恩等《中国文学史》），其实也不尽然，像这样的诗就很有责任感。

道中未开木杏花

[五代] 王周[1]

粉英香萼一般般，无限行人立马看。村女浴蚕桑柘绿，枉将颜色忍春寒。

【注释】 [1] 王周：生卒年不详。五代末、北宋初诗人。

【品析】 这首诗以杏花的妖娆衬托蚕女的辛苦，视角独特。诗中写道：杏花那粉红色的花瓣，香气清淡的花苞，和其他的花并没有什么不同。但即使它还没有开放，就已经有无数的行人在路边等着看花了。此时桑树与柘树也都长出了新叶，绿油油的一片；村女们个个面色姣好，却要忍着春寒在河边浴蚕种，而这些并未引起行人的注意。

此诗含有一层讽刺意味。杏花并非国色天香，却引得行人疯狂地追香逐色，而真正的美丽就在身旁，却引不来人们的目光。意思是说，人们总是喜欢追赶时髦，有谁会关心真正有价值的东西呢？

诗人常将观杏与采桑相比较,衬托出采桑的重要性,并赞美女子应有的德行。如宋初梅尧臣《蚕女》:"自从蚕蚁生,日日忧蚕冷。草室常自温,云髻未暇整。但采原上桑,不顾门前杏。"王周另外有两首《采桑女》的诗:"渡水采桑归,蚕老催上机。扎扎得盈尺,轻素何人衣。""采桑知蚕饥,投梭惜夜迟。谁夸罗绮丛,新画学月眉。"关注的焦点都是采桑女子的辛苦,但他发现,这些青年女子尽职尽责的同时,并没有放弃对美的追求。杏花在这首诗中充当了一个参照物,它已被视为有闲阶级的代表,没有什么重要价值。人们总是被表象迷惑,却发现不了真正的美。对于杏花意象的这种价值认定,是很少见的。

诗中有一个看似很现代的词汇"一般般",不像是古人口吻,其实不然。这个词在唐诗中出现过多次,首次出于晚唐诗人笔下。如方干《海石榴》:"亭际夭妍日日看,每朝颜色一般般。"杜荀鹤《入关因别舍弟》:"天道不欺心意是,帝乡吾土一般般。"一般般,意思是指两个以上的事物看起来都一样,都没有什么特别的地方,引申为很平常。"一般般"有时也称"一般",司空曙《过长林湖西酒家》:"湖草青青三两家,门前桃杏一般花。"

杏 花

[宋]王禹偁[1]

暖映垂杨曲槛边,一堆红雪罩轻烟。春来自得风流伴,榆荚休抛买笑钱[2]。

【注释】 [1]王禹偁(954—1001):字元之,济州巨野(今属山东)人。北宋官员、诗人。历任朝廷要职,敢于直言,历经坎坷。北宋诗文革新运动的先驱,诗文格调清新旷远。著有《小畜集》。 [2]榆荚:也叫榆钱儿,榆树的种子。因为它酷似古代串起来的麻钱,故名榆钱儿。

【品析】 春风生暖,曲槛边的垂杨已经泛绿,杏花就像一团红雪把绿柳笼罩起来。春天一到,柳树终于找到杏花这个风流伴侣,榆树的钱荚请不要抛洒在路边取悦于人了,游人不再理会你了。

这首诗用拟人的手法,展示杏花风流的姿态。韩愈《晚春》:"杨花榆荚无才思,

红雪（槐下摄）

惟解漫天作雪飞。"但杏花一开，榆荚儿便相形失色。谁更能"买笑"呢？当然是杏花，因为杏花的形、色、香的魅力要远胜于榆荚。

杏花红似雪的比喻，唐诗中早有先例，但只是没有出现"红雪"这个词。后来，南宋史弥宁专有一首《红雪》诗："金衣花里嚲（duǒ）春寒，桃杏墙头正耐看。苦被东风爱装景，借些红雪打阑干。"

王禹偁的杏花诗有很多，所写风情有别，用力各有不同。如《和仲咸杏花三绝句》之一："明朝落尽无蜂蝶，冷暖人情我最知。"之二："阶前已见三分落，枝上都无十日繁。"《杏花》七首之一："红芳紫萼怯春寒，蓓蕾粘枝密作团。"之三："日暮墙头试回首，不施朱粉是东邻。"之四："唯有流莺偏称意，夜来偷宿最繁枝。"之五："争戴满头红烂熳，至今犹杂桂枝香。"之六："见说旧园为茂草，寂寥无复万枝红。"之七："陌上缤纷枝上稀，多情犹解扑人衣。"这些诗真是色彩缤纷，各具风情，意味深长。

北陂杏花

[宋] 王安石

一陂春水绕花身[1]，花影妖娆各占春。纵被春风吹作雪，绝胜南陌碾成尘[2]。

【注释】 [1] 陂（bēi）：池塘。 [2] 南陌：南面的道路，指非常繁华的景点。南朝梁沈约《临高台》："所思竟何在，洛阳南陌头。"

【品析】 这是一首"半山体"诗歌，也是一首写杏花的名篇，简洁清新。一株杏树长在池塘边，杏花倒映在水中，枝头与水中的花朵都春意盎然。娇美的杏花即使被春风吹得像雪花一样飞舞，那种美丽的影像，也比在来来往往游客的车下被碾为尘埃更值得。

杏花总是要飘落的，宁作雪样飞，不做俗中尘。这首诗写杏花的高洁，把杏花几乎提高到与梅花一样的境界，作雪犹能保玉质，染尘已落俗中物。

宋代喜欢写杏花的诗人有很多，如王禹偁、欧阳修、王安石、苏轼、杨万里、范成大、陆游等。王安石有多首从不同的角度来描摹杏花神韵的诗。如《暮春》："北山吹雨送残春，南涧朝来绿映人。昨日杏花都不见，故应随水到江滨。"枝头已一片深绿，杏花都到哪里去了呢？原来是沿着溪水流到大江去了。《次韵杏花三首》之一："野鸟不知人意绪，啄教零乱点苍苔。"野鸟哪里能懂我的心思呢？你看它们啄着杏花，让杏花零乱地落到青苔之上，落英委地，红色点缀着青绿。之二："风雨无时谁会得，欲教零乱强催开。"春天的风雨来往无度，杏花的开落都被它们挟持着，不能自主。《杏花》："石梁度空旷，茅屋临清炯。俯窥娇娆杏，未觉身胜影。"杏花倒映在水里，到底是花好还是影好呢？也许还是影子更胜一筹。

月夜与客饮酒杏花下

[宋] 苏轼

杏花飞帘散余春，明月入户寻幽人[1]。褰衣步月踏花影[2]，炯如流水涵青蘋[3]。花间置酒清香发，争挽长条落香雪。山城酒薄不堪饮，劝君且吸杯中月。洞箫声断月明中，惟忧月落酒杯空。明朝卷地春风恶，但见绿叶栖残红。

【注释】 [1]幽人：幽隐之人，隐士。苏轼《卜算子》："时见幽人独往来，缥缈孤鸿影。" [2]褰（qiān）衣：撩起衣服。 [3]炯（jiǒng）如：炯炯，明亮的样子。

【品析】 这首诗应是东坡先生在徐州时所作。诗人以杏花、明月、箫声与薄酒为背景，表达了自己身处逆境，借花惜时、借酒浇愁、借月明志的复杂心态。歌行体的诗歌一般都语意繁复，节奏舒缓，可歌可诵。

饮酒杏花下，是从唐代即有的一种文人相聚的时尚。从中唐开始，诗人崇尚杏园宴饮，时间未必都是晚上，但杏花都是不可缺少之背景。如权德舆《酬赵尚书杏园花下醉后见寄》、刘禹锡《杏园花下酬乐天见赠》《陪崔大尚书及诸阁老宴杏园》、白居易《杏园花落时招钱员外同醉》等。唐代杏园宴大多是在白天，因为杏园是公共园林。而宋代月下赏杏已成风尚，因为宋代长安杏园不复存在，达官与文人多于私家园林或庭院中月夜饮酒赏杏，如北宋程俱《同许干誉步月饮杏花下》等。南宋范成大《繁杏》："若为报答春无赖，付与笙歌鼎沸中。"说的正是杏花成为宴饮背景的习俗。

宴山亭·北行见杏花

[宋] 赵佶[1]

裁剪冰绡[2]，轻叠数重，淡着燕脂匀注[3]。新样靓妆[4]，艳溢香融，羞杀蕊珠宫女[5]。易得凋零，更多少、无情风雨。愁苦。问院落凄凉，几番春暮。　凭寄离恨重重，这双燕，何曾会人言语。天遥地远，万水千山，知他故宫何处。怎不思量，除梦里、有时曾去。无据。和梦也、有时不做。

【注释】 [1]赵佶（1082—1135）：宋徽宗，号宣和主人，善书画。靖康之变（1127）与长子钦宗赵桓被金人掳去，关押于韩州（今辽宁昌图），后又被迁到五国城（今黑龙江依兰）囚禁。囚禁期间,宋徽宗受尽精神折磨,写下了许多悔恨、哀怨的诗词，可惜流传下来的不多。这首词是他在被掳北上的途中所写。他还喜欢画杏花，如《杏花鹦鹉图》等。 [2]冰绡：洁白的丝绸，用来比喻杏花花瓣。[3]燕脂：胭脂，指红杏花瓣。 [4]靓（jìng）妆：美丽的妆饰。 [5]蕊珠宫女：指仙女。蕊珠宫，天上仙宫，这里暗指他自己的后宫。

【品析】 宋徽宗借北行路上见到的杏花，诉说了一通自己亡国作虏的沉痛心情。杏花只是一个诱因，但在作者眼中,它已幻化为亦喜亦悲的象征。因为这首词，小小的杏花见证了国仇家恨的宏大主题,这与其他杏花作品抒发的"春愁""闲愁"大异其趣。

值得注意的是，在词的开篇，这位帝王首先关注的并非国仇家恨或民生疾苦，而是杏花的妖艳：那薄薄的花瓣就像是洁白的丝绸裁剪而成，轻轻地叠放在一起，均匀地点染了一层淡淡的胭脂，美艳无比，即使是后宫佳人与之相比也会顿然失色。然而风雨无情，好景不在，春已归去，唯剩凄凉！

从表面上看，词人是因容易凋落的杏花而联想到自己悲凉的身世，曾经的繁华就像这春花一样灿烂，然而时光易逝，命运不济，那些美丽与快乐都随着巨大的政治灾难一去不返了。若细细咀嚼，其中还有一层思念后宫佳丽、难忘如花美眷的感伤。

宋徽宗被掳，发生在公元 1127 年的农历三月。旧题蔡京之子蔡絛（tiáo）所撰《北狩行录》记载："丁未年二月七日，太上初出青城。三月二十八日起发，随行宗族官吏，远触炎热，不谙风土，饮食不时，比至燕山，病者几半。"据查，那一年农历三月二十八日是公历四月二十二日。另外，南宋徐梦莘编《三朝北盟会编》曾记载徽宗北行途中在燕地尧山县吃桑葚（椹）的故事："太上在路中苦渴，摘道旁桑椹食之。"桑葚的成熟期比杏花要迟一到两个月，可见他于北行途中，

[宋] 赵佶《写生珍禽图》，见于北京保利 2009 年拍卖会

先看杏花，再吃桑葚。因为气温差异，北方杏花比南方的花期要迟。越往北走，花期越迟。可以说，他一路上可以多次见到杏花，或者说，他的北行是由杏花做伴的，因此能让他对花忆旧，临风洒泪。

四十六年后，孝宗乾道九年（1173），南宋官员韩元吉出使金国来到故都汴京，感慨横生，作词《好事近》："杏花无处避春愁，也傍野烟发。唯有御沟声断，似知人呜咽。"这是另一种更为沉痛的"北行见杏花"！

梦中作[1]

[宋] 张嵲[2]

山南山北是人家，红杏香中日未斜。传语春风能几日，慎无吹折最高花。

【注释】[1]诗题原为："梦中作后两句，前句觉后足成。皆梦中所见也。"[2]张嵲（niè）（1096—1148）：字巨山，襄阳（今属湖北）人。徽宗宣和三年（1121）中第。

【品析】 这是一首记梦的写景诗，后两句是梦中所得，妙在其中；醒来后，补写了前两句，相对平淡。为什么诗人会担心风把最高枝折断了呢？因为杏花为了拼阳光、出风头，总会向上攀升。而自然界的规律是，枪打出头鸟，风断最高枝。这一联在写花的同时，其实也是写人。看花可以醒世，做梦也能明理。

后两句还可以换一个角度来理解：那最高处的杏花是最美最艳的花枝，请东风手下留情，不要把它们吹折，因为它们最多也只有十天的花期，让咱们一起来爱惜这柔弱娇美的生命！风与杏花

[清] 石涛《杏花图》（局部）（上海博物馆藏）

的恩怨，诗人早已参得。"吹折花枝"是很煞风景的一幕，之前有杜甫《漫兴》："恰似春风相欺得，夜来吹折数枝花。"又如唐代司空图《酒泉子·买得杏花》："黄昏把酒祝东风，且从容。"北宋杜安世《忆汉月》："吹开吹谢任春风。"后来元代陈旅《题马远画》："屋角东风吹柳丝，杏花开到最高枝。春来陌上多尘土，此老醉眠都不知。"

张嵲还有一首七绝《思故园》："柳外高风尽日吹，春来不省见花枝。汉傍野墅三株杏，记得飘零似雪时。"因为他是襄阳人，所以回忆花开如雪的美景时要说"汉傍三株杏"，汉傍即汉水边上。

江路见杏花

[宋] 陆游[1]

我行浣花村[2]，红杏红于染。数树照南陂[3]，一林藏北崦[4]。虽惭岭梅高[5]，繁丽岂易贬。雨丝飞复止，云叶低未敛。似嫌风日紧，护此燕脂点。身闲得纵观，无语吾所歉。

【注释】 [1]陆游（1125—1210）:南宋词人。字务观，号放翁，越州山阴（今浙江绍兴）人。一生创作诗歌很多，今存九千余首，有《剑南诗稿》《渭南文集》《南唐书》《老学庵笔记》等。 [2]浣花村:在成都西郊锦江边，因浣花溪而得名，杜甫曾居此地。杜甫诗《萧八明府实处觅桃栽》："奉乞桃栽一百根，春前为送浣花村。河阳县里虽无数，濯锦江边未满园。"宋代徐钧《杜甫》："万里飘零独此身，诗魂终恋浣花村。" [3]南陂：南边水塘。王安石有《北陂杏花》诗。[4]北崦（yān）：北山。苏轼诗《新城道中》："西崦人家应最乐，煮葵烧笋饷春耕。" [5]岭梅：梅的一个品种，乔木，高可达30米。杏树一般不超过12米，所以说杏树生在岭梅身边，觉得自己好矮小。

【品析】 这是一首押仄声韵的五言古体诗。首联让读者领略了成都浣花村杏花的繁盛姿态。接着铺陈了杏花的照影、深藏、高枝、繁丽、落花、密叶等"特写镜头"。诗人观花虽不语，但与花有心的交流。

成都曾以海棠、芙蓉花而闻名于世,桃杏也一样随处可见。较早的"蜀中杏花"出自杜甫诗《早花》:"西京安稳未?不见一人来。腊日巴江曲,山花已自开。盈盈当雪杏,艳艳待春梅。直苦风尘暗,谁忧容鬓催!"有趣的是,杜甫所见是"雪杏",陆游所见是"红杏"。"红于染"是杏花色彩的一种视觉狂欢,也是诗人明朗心情的投射。

曾在五代前蜀为相的韦庄有词"春日游,杏花吹满头",所写大致也是成都。浣花村意象首出于杜诗,陆游诗中咏及多次,特指成都一带。陆游《饭罢碾茶戏书》诗云:"江风吹雨暗衡门,手碾新茶破睡昏。小饼戏龙供玉食,今年也到浣花村。"《晚兴》:"老病愁趋画戟门,天教高卧浣花村。"《瑞草桥道中作》:"祖师补处浣花村,会傍清江结茅舍。"瑞草桥在四川青神县,传说是苏轼与王弗曾经的相恋之所。又如陆游《次韵李季章参政哭其夫人》组诗:"飞盖传呼入省门,依然残梦浣花村。""切勿轻为归蜀梦,竹枝忍复听吾伊。"可知是专指成都浣花村。此

红杏红于染(槐下摄)

外,成都浣花溪还出浣花笺。陆游《闲居无客戏作长句》诗云:"韫玉面凹观墨聚,浣花理腻觉豪飞。"自注:"浣花,蜀笺名。"

杏　花

[宋] 陆游

江城开岁风雨频,闲阁不出俄经旬[1]。忽逢国艳带卯酒[2],坐觉天地无余春。芳敷正当晨露重[3],盛丽欲擅年华新。数株欹斜傍山驿[4],一簇深浅临烟津[5]。徘徊跋马不忍去[6],只恐飘堕随车尘。念当载酒醉花下,破晓啼莺先唤人。

【注释】　[1]闲阁:闭门。俄:时间很短。经旬:十天左右。　[2]国艳:可指牡丹,这里指杏花。因长安杏园中的杏花曾是"功名富贵花",故称。卯酒:早晨喝的酒。白居易《醉吟》:"耳底斋钟初过后,心头卯酒未消时。"苏轼《南歌子》:"卯酒醒还困,仙材梦不成。"这一句诗是说,一大早看到盛开的杏花,就像喝了早酒一样令人沉醉。　[3]芳敷:花香散播开来。　[4]欹斜:歪斜不正。　[5]烟津:烟波苍茫的渡口。　[6]跋马:勒马使回转。

【品析】　几株杏树斜靠在驿馆的旁边,深浅不一的花朵正好开在烟雾迷蒙的渡口边。第四联写出杏花的画面感,最后两联写出自己的心情。杏花花色怡人,但花落无商量,因为飞奔的车子会搅起沉静的落花,使之四散飞舞,混入尘埃,因而引起诗人的同情之心。

这首杏花诗很容易让人想起陆游的词《卜算子·咏梅》:"零落成泥碾作尘,只有香如故。"诗人笔下的梅花与杏花的命运何其相似,都开在驿站边,都在渡口旁,都要飘落去,都要染尘埃。这不禁让人怀疑,这一对梅、杏是否生在一起?也许诗人已看过先开的梅花"零落成泥碾作尘"的命运,所以痛惜后开的杏花,希望它们不要"重复昨天的故事",决定不去打搅它们的安静。

车马经过,搅起尘埃,扰动落花,这是陆游不忍心见到的情景。与陆游不同,唐代韩愈《题榴花》则说"可怜此地无车马,颠倒青苔落绛英"。榴花落尽,车马稀疏,诗人似乎在感叹:"落了一地的朋友啊,那不是花瓣,那是我凋零的心!"

（席慕蓉诗《一棵开花的树》）宋代李弥逊《临江仙》云：“且共一尊追落蕊，犹胜陌上成尘。”

回疆竹枝词 [1]

[清] 林则徐 [2]

爱曼都祈岁事丰 [3]，终年不雨却宜风。乱吹戈壁龙沙起 [4]，桃杏花开分外红。

【注释】 [1]《林则徐全集》收《回疆竹枝词》三十首，这是第三首。但他的《云左山房诗钞》卷七只有二十四首，这是第二首，第一句原文：“欲祝阿林岁事丰。” [2] 林则徐（1785—1850）：字元抚，晚号瓶泉居士等，福建侯官（今福州）人。晚清政治家、诗人，在中国有“民族英雄”之誉。曾主持“虎门销烟”，并因此于道光二十一年（1841）被发配新疆。有《云左山房诗钞》等。 [3] 爱曼：官员，维吾尔语音译词。都祈：都祈望。 [4] 龙沙：沙尘被风卷到空中，像一条龙在舞动。

【品析】 林则徐来到新疆，为西域风情所吸引，一路上写下三十首回疆风俗竹枝词。这首诗是说，官员们年年祈望风调雨顺，但新疆这里却只有风没有雨，空气干燥，不宜耕种。不知为何，戈壁滩上风沙狂吹之际，却见眼前桃花、杏花开得一片灿烂。即使环境再恶劣，春天一到，风沙哪里挡得住桃杏萌发的春意！此诗表达了作者高洁自况、不同流合污的情怀。

这组竹枝词里还有一首提到杏果的诗：“桑葚才肥杏又黄，甜瓜沙枣亦粮。村村绝少炊烟起，冷饼盈怀唤作馕。”可见当时的新疆水果丰盛，味道甘美。

据考证，杏树在新疆的栽培已经有 1400 多年历史，分布广泛，品种优良。今天，新疆杏树的栽种面积和产量均居全国第一，杏树的栽培面积占全疆各种果树的第二位，其中大多分布于南疆，以喀什地区栽植面积最大。全区种植面积数百万亩，产量近两百多万吨。新疆杏品种多，主要品种有胡安娜杏、色买提杏、小白杏、黑叶杏、树上干杏等，每年 6—8 月成熟。新疆因此也成为观赏杏花的绝佳景区。可以想见，杏花盛开时，绵延千里，那是何等壮观的场面，用“分外红”一词已难以形容！

青海杏花（李爱君摄）

（二）杏花村

杏花的栽培地区既然延伸到大江南北，那么凡是有杏花的地方，也就因之而形成带有杏意象的具体地名，如杏花岩、杏花台、杏花山、杏花园、杏花营、杏花冈、杏花寺、杏花桥、杏花庄、杏花坊等，不胜枚举。

杏花村是其中最著名的例子。唐宋诗词中杏花村共出现过 20 余次，南宋《景定建康志》也记载了南京一个具体的地名"杏花村"。经过历代文学艺术的渲染，杏花村渐从唐宋时代的"文学意象"或"地理杏花村"沉淀为明清时期的"文化杏花村"。

下第归蒲城墅居[1]

[唐] 许浑[2]

失意归三径[3]，伤春别九门[4]。薄烟杨柳路，微雨杏花村。牧竖还呼犊[5]，邻翁亦抱孙。不知余正苦，迎马问寒温。

【注释】 [1] 下第：科举考试落榜。蒲城：今陕西大荔县。墅居：别墅。[2] 许浑（约791—约858）：字用晦，润州丹阳（今属江苏）人。唐代诗人，有名句"山雨欲来风满楼"。晚年归润州丁卯桥村舍闲居，其诗世称"丁卯体"。有《丁卯集》。 [3] 三径：归隐者园中的小路。陶渊明《归去来兮辞》："三径就荒，松竹犹存。" [4] 九门：指京城。古代天子九门。 [5] 牧竖：牧童。

【品析】 考试落榜了，只好打道回府，告别京城，回归乡里。杏花开时，是朝廷发榜的时候，也是寒食清明时节。诗人用杨柳路、杏花村、牧童、牛犊、老翁、幼孙六个意象抒发自己的郁闷心情，这与杜牧《清明》诗的意境何其相类！其中最富创意的是杏花村，这是今存唐诗里最早出现"杏花村"意象的诗歌。虽说杜牧的《清明》诗让"杏花村"大放异彩，但传说那是他在池州刺史任上

（844—846）所写，而许浑在公元832年就已考中进士，这首诗所说的"下第"就是之前没有考取的某一次，时间必然更早。

除了这首诗和杜牧存在争议的《清明》诗之外，今存唐诗中还另有两首提及"杏花村"的五言诗，分别是晚唐薛能《春日北归舟中有怀》的"雨干杨柳渡，山热杏花村"和温庭筠《与友人别》的"晚风杨叶社，寒食杏花村"。这三人都不约而同地将杨柳与杏花作对，用路、渡、社等与村相配，构成闲适、野趣的村落景致。杨柳与杏花作对，此后也成老生常谈之例，如北宋秦观《清溪逢故人》："和风杨柳岸，微雨杏花天。"

清　明 [1]

[唐]杜牧

清明时节雨纷纷，路上行人欲断魂。借问酒家何处有，牧童遥指杏花村。

【注释】 [1]这首诗现在能见到的最早版本，不在杜牧的作品集中，而在南宋前期的一部类书《锦绣万花谷》中，该书"后集"卷二十六"村·杏花村"下录此诗，编者不详，编者的序写于宋孝宗淳熙十五年（1188），诗下有小注曰："出唐诗"，既未署杜牧之名，也无"清明"之题。

【品析】 这本是一首写得很优美的节令诗，但因杜牧的署名问题和杏花村所在地的文化公案，使它成为现实争论中的一份似是而非的证据。有人说这首诗有晚唐风韵，应是许浑的作品；有人说它是宋代人的作品，托名为杜牧；有人说它不可能是杜牧写的，因为杜牧诗集没有收录；有人说诗写的地点在安徽贵池，于是引发了更多的争论。有人说这个杏花村就在徐州朱陈村，有人说在湖北麻城，还有人说在山西汾阳，众说纷纭，莫衷一是。这里，因为一首诗、一个村庄而成为一个关涉数十处地望之争的热点，以及形成一条流满诗歌的长河，实在是一个千古佳话。

杏花开放的时节，正是寒食节，人们可以饮酒驱寒；又因唐代长安"杏园赐宴"的传统，使得杏花与酒在人们的观念里形成了一种心绪上的关联。在晚唐的三首

清明

光霧下空濛之間月轉廻廊此夜深時恐貴妝脆去故燒高爛以看美貌此詩借興体也

又
清明時節雨紛紛　路上行人欲斷魂
借問酒家何處有　牧童遙指杏花村
無花無酒過清明　興味蕭然似野僧
昨日鄰家乞新火　曉窓分與讀書燈

杜牧之　王元之

[宋]谢枋得编,[明]汤显祖校释《新刻解注和韵千家诗选》中《清明》诗书影

诗中，杏花村与酒的关系并不明显，一直到北宋后期，谢逸、周邦彦与邓肃的两词一诗才开始使杏花村的意象附带上酒家的含义。

这首《清明》诗出现于南宋初期，后来被刘克庄选进了《千家诗》，才有了"清明"的题名和"杜牧"的署名，也使之传播更广。南宋有些诗与词开始化用《清明》诗意。诗如何应龙《老翁》："杏花村酒家家好，莫向桥边问牧童。"东湖散人《春日田园杂兴》："小雨杏花村问酒，淡烟杨柳巷巾车。"薛师石《渔父词》："今夜泊，杏花村，只有笭箵当酒钱。"词如马子严《归朝欢·春游》："听得提壶沽美酒，人道杏花深处有。杏花狼藉鸟啼风，十分春色今无九。"刘辰翁《答赵启》："杏花村里，何须更指于牧童；竹叶尊中，行即相从乎欢伯。"张炎《风入松·赋稼村》："却笑牧童遥指，杏花深处人家。"王沂孙《一萼红·红梅》："玉管难留，金樽易注（一作"泣"），几度残醉纷纷。谩重记、罗浮梦觉，步芳影、如宿杏花村。"

元曲与明清小说也常用杏花村代指酒家，这个思路大致都是从杜牧这首诗所化出的。但是从南宋到明代，很少有人关注《清明》诗中杏花村地望归属问题。

明代中期，地方文献如《嘉靖池州府志》开始提出，此诗是杜牧在池州刺史任上所写，杏花村在贵池城西。清代康熙年间，贵池人郎遂编成《杏花村志》十二卷，杏花村文化从此进入繁盛期，真可谓一诗垂千古，一村名天下。

江神子

[宋] 谢逸[1]

　　杏花村馆酒旗风，水溶溶，飏残红。野渡舟横，杨柳绿阴浓。望断江南山色远，人不见，草连空。　夕阳楼外晚烟笼，粉香融，淡眉峰。记得年时，相见画屏中。只有关山今夜月，千里外，素光同。

【注释】　[1] 谢逸（1068—1113）：字无逸，号溪堂。临川（今江西抚州）人。北宋文学家，属江西诗派。曾写过很多咏蝶诗，人称"谢蝴蝶"。有《溪堂词》。

【品析】　今存宋词中，至少有四首提到了杏花村意象，这是最早的一首，另外三首的作者分别是周邦彦、朱熹和王沂孙。"杏花村馆"作为酒家的代名词，这在文学史上还是第一次，杜牧《清明》诗照理说要更早，但《清明》诗只是在南宋初年才为人所知，杜牧至南宋初的三百多年里，《清明》诗没有进入文学传播史。这首词也没有化用《清明》诗意的痕迹。

　　有人说谢逸的《江神子》是他经过湖北黄州的杏花村所作，而杜牧恰恰当过黄州刺史，所以湖北黄州麻城也有一个杏花村。《大清一统志》卷二百六十三"杏花村"条云："在麻城县西南岐亭镇，有杏林、杏泉，宋陈慥隐此。"陈慥，即陈季常。不过从这首词的词意来看，杏花村意象与晚唐三首杏花村诗中所指的都一样，只是一个文学意象，不能看出实有其地其名，词中与杏花村一起营造意境的其他意象如野渡、杨柳、江南、夕阳、明月等，都是泛指之词，因此不能作为判断地望的依据。

　　酒旗风，这个意象组合，具有很强的视觉冲击力，尤其对于失意之人。酒旗大多用青布，号称"青帘"。杏花村中的青帘，可称为"杏帘"。南宋时期，诗人的这种审美表达几乎是下笔即有。如南宋韩元吉《洞溪绝句三首》之二："杏花无数连村落，也有人家挂酒旗"；刘过《村店》："一鸟闹红春欲动，酒帘正在杏花西"；华岳《花村二首》之一："牧童不见枝头杏，空向青帘问有无"；刘秉忠《山洞桃花》："山村路僻客来稀，红杏梢头挂酒旗"；马臻《野外》："白鸥长绕分鱼市，红杏深藏卖酒家。"

　　杏花村与酒馆从此结缘，再加上直至南宋才出现的《清明》诗的推波助澜，酒文化由此成为杏花村文化的重要内涵之一。

杏花村[1]

[清] 杨森[2]

　　千载诗人地，无花亦此村。茂林还酒店，芳草自柴门。饮有提壶劝，耕闻布谷喧[3]。亭台如可复，不异牧之存。

【注释】 [1]选自郎遂编《杏花村志》卷七。 [2]杨森：字嘉树，生活于康熙年间。 [3]提壶：喝水的壶，这里是指酒壶。这个词是双关语。有一种鸟叫提壶鸟，又称鹈鹕。这首诗化用了宋代诗人梅尧臣《提壶鸟》的诗句："上言劝提壶，下言劝酤酒。"布谷，即布谷鸟。布谷与提壶对仗。

【品析】 酒店、农耕都依旧，可惜杏花已无。杏花村那种"十里烟村一色红"的耀眼景致并不是常有的，很多时候，村子里连一棵杏树也没有。南宋方回所见歙县有一个"杏村"："此村名杏村，杏花果安在？"其实，连郎遂在编写《杏花村志》时，杏花村里也不过如此："相传，盛时老杏万余株，连村十里，炫烂迷观，诚胜景也。"言下之意即眼下已无此盛况。尤侗《题杏花村志》三首之二："旧日湖山春几回，荒村不见一花开。"诗人宗元豫也有诗："花村风景已非昔，千树名葩不存一。"胡子正（1915）《杏花村续志》也说："当其盛，则芳联十里；及其衰，亦名艳千秋。""若今日者，直一片荒芜而已。"所以，繁盛的杏花村只存在于诗人的意念世界里，现实中的杏花村大多有名无实，即本诗所谓"无花亦此诗"。

　　为了改变杏花村里无杏花的窘境，最近三十多年来，池州杏花村经过几度开

《杏花村志》（刘世珩刻本）插图《杏花村图》（局部）

发复建，现已建成两个景区，一个是政府主导的规划面积35平方千米的杏花村文化旅游区，另一个是公司化运作的200余亩的杏花村旅游景区。前者移植新栽了数万株大大小小的杏树，春天一到，早已复现并超越了那种"十里烟村一色红"的壮美景观。这首诗中的第一句"千载诗人地"是一个大手笔，放在此诗中实在有些出手太重的感觉，后面的句子都太轻飘，跟不上力度。这个句子当下已经被池州市借用，池州的城市形象宣传语中就有一句："千载诗人地，池州杏花村。"这一定是诗人始料未及的一份荣耀。

金陵郊行

[宋]万俟绍之[1]

快提金勒走郊原[2]，拂面东风醒醉魂。好景流连天易晚，来朝更过杏花村[3]。

【注释】 [1]万俟（mòqí）绍之：生卒年不详，字子绍，自号郢庄，南宋诗人。[2]金勒：用黄金装饰的带嚼口的马络头。 [3]来朝：第二天早上。

【品析】 诗写的是"金陵郊行"，金陵确实曾有杏花村。南宋周应合《景定建康志》卷二十三："制效军寨二所，一在城南门外虎头山，一在城里杏花村。"卷二十四："镇青堂，在府廨之东北，其上为钟山楼……又其西为杏花村、桃李蹊。"看来金陵有两处杏花村，这个是在城内。如元代周德清《中吕·红绣鞋·郊行》："题诗桃叶渡，问酒杏花村，醉归来驴背稳。"元代无名氏曲《南吕·一枝花·渔隐》："昨日离石头城，今朝在桃叶渡，明日又杏花村。"这一处似乎离桃叶渡不远，是在江边。

据程杰先生考证，金陵杏花村闻名于世是明代成化年间（1473年前后）的事。到万历年间渐趋衰落，到了天启、崇祯年间，杏花村的杏景被毁殆尽。贵池杏花村与此正好相反，明代中叶贵池杏花村被载入史册后，越往后越盛，康熙年间达到高潮。为《杏花村志》题序的"秦淮郑濂莲水氏"曾说："杏花村三，金陵有二焉，一在凤凰台，枕江夹石，纷覆千家；一在城西南芙蓉山畔，碧草芊绵，摇

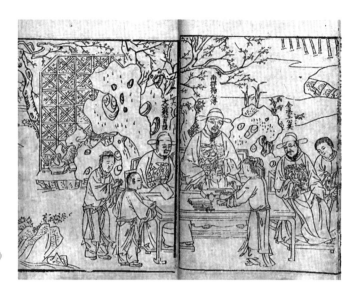

[明]许论辑印《杏园雅集》
（局部）书影

红十里。争为名胜，与池阳杏花村为三，牧之诗所云'借问''遥指'处也。"不过，后来经过数百年间大规模的修建改造，到了近代，南京城已找不到杏花村的痕迹了，而且这里的杏花村都与杜牧笔下的杏花村无关。

杏花村[1]

[明] 沈昌[2]

杏花枝上著春风，十里烟村一色红。欲问当年沽酒处，竹篱西去小桥东。

【注释】 [1]选自郎遂编纂康熙二十四年（1685）聚星楼刻本《杏花村志》卷五。 [2]沈昌：字野航，池州府（今安徽贵池）人，明弘治中贡元。不乐仕进，归隐梅山下。著有《池阳怀古》组诗，今佚。

【品析】 这是明代最负盛名的描写贵池杏花村的诗篇。这首诗有两个好处。第一个好处是"十里烟村一色红"这一句，将杏花村里最美的景象描摹得令人陶醉。杏花村里有十里杏花，如烟如梦，一片绯红，谁曾见过？可以与之媲美的只有皇城里杏园中的杏花。中唐诗人施肩吾《早春游曲江》："羲和若拟动炉鞴，先铸曲江千树红。"晚唐诗人吴融《途中见杏花》就说过"更忆帝乡千万树",但那多半是失意文人的夸张。

第二个好处是,将杜牧当年饮酒的地方坐实,这是地方文化最重要的关注点。可以说,这是第一首将《清明》诗、杜牧、杏花村、贵池四个关键词连成一体的诗证,虽然这个说法不是他的首创,而是当时当地尽人皆知的传闻。

嘉靖《池州府志》卷一:"杏花村,在城西里许。杜牧诗'借问酒家何处有,牧童遥指杏花村'。旧有黄公酒垆,后废。"地方志既然已作记载,说明这个传闻流布早有时日。而沈昌正生活在嘉靖《池州府志》编修之前不久。

杏花村 [1]（节选）

[清] 尤侗 [2]

太守行春日,山村过杏花。题诗犹在壁,沽酒向谁家?地近芙蓉岭 [3],人游杨柳衙。蓬莱移种至,好散一林霞。

【注释】 [1]选自胡子正编,1915年印《杏花村续志》卷中。 [2]尤侗（1618—1704）:字同人、展成,号梅庵、西堂老人等,江苏长洲（今江苏苏州）人,清代戏曲家。有《西堂全集》。 [3]芙蓉岭:在贵池杏花村村中三台山上。

【品析】 尤侗是清初著名文学家,与《杏花村志》编者郎遂交好,曾为该志书题写过多首诗。这首诗写杏花村风景,落笔在杏花上:这里的杏树疑似从蓬莱仙山移栽而来,是仙山好种,所以开起花来,如彩霞满天。

杏村先生小像题句 [1]

[清] 曹曰瑛 [2]

杏村深处卧烟云,把酒含毫兴侠群。万树年年抒碎锦,一天春色入奇文。

【注释】 [1]选自郎遂编、刘世珩整理刻印（1919）《杏花村志》卷一。杏村先生,即《杏花村志》编者郎遂,《杏花村志》书前有作者小像,诸友人多有题诗。这首诗是贵池同乡曹曰瑛"寄自燕台"的题像诗。 [2] 曹曰瑛（1662—1722）：字渭符，号恒斋，池州府（今安徽贵池）人。清朝书法家、官员，曾任康熙朝翰林院待诏。其弟曹曰玮为武状元，曾任康熙侍卫，英年早逝。

【品析】 这是一首受人之托的题像诗。前一联赞赏郎遂甘于隐居乡里却能潇洒著书的品格与情怀；后一联表彰《杏花村志》写得好。这首诗的好处是，将杏花、杏花村与《杏花村志》三者紧密相扣，没有直写作者，赏识之意隐含其间，却可呼之欲出。

《杏花村志》（刘世珩刻本）郎遂画像

就杏花意象来看，此诗有一个亮点，即将片片杏花视为"碎锦"，即朵朵杏花好似从一块精美绝伦的锦绣上剪下来，撒向了杏树的枝头。"碎锦"一词起源很早，潘岳《射雉赋》用它形容鸟毛："毛体摧落，霍若碎锦。"后来也形容落花，如海棠、李花等。宋代谢维新《古今合璧事类备要别集》卷二十八引曹林《异景》："碎锦坊。裴晋公午桥庄有文杏百株，其处立。"此后，诗人常用"碎锦"形容杏花。

杏花村歌[1]（节选）

[清] 金梦先[2]

皖口亦有杏花村[3]，池口亦有杏花村[4]。两村衣带一江面，花时烂若朱霞屯。何以杏村之名让池口，池口有诗皖未有。皖有杏村岂无诗，诗无诗人杜牧之，乃知名士之诗权若此。牧之之后有郎子，皖口花神愁绝池口喜，喜君一卷冰雪清无滓[5]。

[清] 罗聘《杏花小鸟》扇面，见于北京东方玺藏 2012 年春季书画拍卖会

【注释】 [1] 选自郎遂编《杏花村志》卷六。 [2] 金梦先：字肯公，安徽潜山人，康熙年间贡士。 [3] 皖口：皖河入长江之口处，在江北，现属安庆。皖水，在今安徽潜山、安庆一带，为古皖国所在地。 [4] 池口：贵池秋浦河入长江口处，在江南，曾有古镇池口镇。南宋词人李清照夫妇曾避难于此一月余。杏花村与池口相连。 [5] 滓（zǐ）：污浊。

【品析】 这是一首杂言歌行。诗人从一个独特的角度出发，以皖口杏花村与池口杏花村作对比，两地虽然都是入江口，附近都有杏花村，但皖口杏花村湮没无闻，池口杏花村却闻名遐迩。这一结果归因于两个人，一个是名士诗人杜牧，他的《清明》诗让池口杏花村声名大噪；另一个是郎遂，他的《杏花村志》真是一卷冰雪文。

两个杏花村里的杏花开得都如火如霞，为何命运却不相同呢？人的因素当然是极其重要的。诗人站在郎遂面前说这话，似乎有些吹捧之意，但三百年过去了，当我们再来回味这首诗时，发现诗人的评价是准确的。试想，如果没有郎遂的《杏花村志》，杏花村丰富历史资料的保存几乎是不可想象的。杜牧的诗让杏花村知名，郎遂的书让杏花村文化传承。

这首诗还有一个亮点，就是形容杏花为"烂若朱霞"。唐代诗人眼中的杏大都是"白白红红"。白可与雪乱真："团雪上晴梢"（温宪《杏花》);红的叫"红轻"："红轻欲愁杀""粉薄红轻掩敛羞"（均为吴融诗），这些都是比较写实的。在后来诗人的笔下，杏花意象有了一个"由白转红"的过程。这首诗说"花时烂若朱霞屯"，这花色是何等的热烈！其实是其来有自。如白居易《春江闲步赠张山人》："红簇交枝杏，青含卷叶荷。"陆游《江路见杏花》："我行浣花村，红杏红于染。"杨万里《和刘德修用黄文叔韵赠行》："去路江山随意绿，归时桃杏断肠红。"赵蕃《正月二十四日雨霰交作》："杏花烧空红欲然。"又如金代元好问《冠氏赵庄赋杏花四首》之二："文杏堂前千树红，云舒霞卷涨春风。"前引沈昌《杏花村》："杏花枝上著春风，十里烟村一色红。"《红楼梦》里竟然也是："有几百株杏花，如喷火蒸霞一般。"这种种红得可以燃烧的感觉不过是诗人的错觉，是连片杏花色泽造成的视觉差，更是诗人内心激情燃烧的象征。

杏帘在望[1]

[清] 曹雪芹[2]

杏帘招客饮，在望有山庄。菱荇鹅儿水[3]，桑榆燕子梁。一畦春韭绿[4]，十里稻花香。盛世无饥馁[4]，何须耕织忙。

【注释】[1]选自《红楼梦》第十七回至第十八回，是元春省亲时，命诸姊妹题咏大观园景点，由林黛玉代贾宝玉所作的诗。　[2]曹雪芹（约1715或1721—约1764）：新红学认定为《红楼梦》作者，生活于乾隆年间，传为江宁织造曹寅之孙。　[3]菱荇（xìng）：两种水生植物的合称，即菱角菜和荇菜。　[4]畦（qí）：田园中分成的小区，古代称五十亩为一畦。这里指分割整齐的菜园。唐代白居易《登观音台望城》："百千家似围棋局，十二街如种菜畦。"

【品析】《红楼梦》中贾元春被封为贵妃，回家省亲，于是贾家为她建了一个规模很大的省亲别墅，后来称为"大观园"。园子建好后，贾政带领一群文人为景点命名。园中有一处景点，众人认为叫"杏花村"为妙，但跟在一旁的贾宝玉

《石头记》（庚辰本）《杏帘在望》诗书影

认为不可，说道"旧诗有云：'红杏梢头挂酒旗'，如今莫若'杏帘在望'四字"。元春先为此处命名为"浣葛山庄"，后看到《杏帘在望》这首诗，方才赐名为"稻香村"。

贾宝玉提到的诗是明代唐伯虎《题杏林春燕二首》之二："红杏梢头挂酒旗，绿杨枝上啭黄鹂。鸟声花影留人住，不赏东风也是痴。"其实这一句最早出自元代刘秉忠《山洞桃花》诗。大观园里的这处景致是："转过山怀中，隐隐露出一带黄泥筑就矮墙，墙头皆用稻茎掩护。有几百株杏花，如喷火蒸霞一般。"宝玉的提议比相公们直接命名的"杏花村"要好，但没有被其父亲接受。曹寅《楝亭诗别集》卷一《咏红述事》诗："小窗通日影，丛杏杂烟燃。"所咏杏花都能烧出烟来，"喷火蒸霞"与其如出一辙。

这首诗虽然以"杏帘"打头，实际是要写出白居易笔下"朱陈村"和苏东坡笔下"杏花村"的悠闲农居生活。最后两句是"颂圣"，呈给元春看，是非常切题的，所以元春认为"《杏帘》一首为前三首之冠"。

《红楼梦》中多处出现杏意象。第二回甄士隐家有一个丫鬟叫娇杏，因为对贾雨村多看了几眼，被雨村视为有意。这个丫鬟果然"侥幸"，后来真做了贾雨村的"正室夫人"。第二十一回说"那黛玉严严密密裹着一幅杏子红绫被，安稳合目而睡"。这个"杏子红"与乐府诗《西洲曲》中"单衫杏子红"一脉相承。第四十七回有

"湘莲便起身出来，瞅人不防去了，至门外，命小厮杏奴：'先家去罢，我到城外就来。'"一个小厮竟然叫作杏奴。第五十四回有"凤姐儿又忙道：'还有杏仁茶，只怕也甜。'"这个杏仁茶就是唐诗所说的寒食节"杏粥"。第五十八回有"杏子阴假凤泣虚凰"，"只见柳垂金线，桃吐丹霞，山石之后，一株大杏树，花已全落，叶稠阴翠，上面已结了豆子大小的许多小杏。宝玉因想道：能病了几天，竟把杏花辜负了！不觉倒'绿叶成荫子满枝'了！因此仰望杏子不舍"。宝玉看到的是青杏，又胡乱呆想："这雀儿必定是杏花正开时他曾来过。"第六十三回探春抽到的酒令是唐代诗人高蟾的诗句"日边红杏倚云栽"。"黛玉因向探春笑道：'命中该着招贵婿的，你是杏花，快喝了，我们好喝。'"这里杏花是"功名富贵花"的象征。

（三）出墙杏

杏花花期虽短，却蕴含了无限生机，一旦开起花来，繁盛如火。正因为杏花有不可阻遏的生命力，所以一旦遇到阻碍物，它们冲破樊篱的欲望就会充分展现。

墙头杏（槐下摄）

一道高高的围墙将树身拦在墙内，于是，这棵杏树不断地长高并越过墙去，将自己最美的花枝伸向墙外，迎风招展，而墙外大多是"墙外行人"和"墙外道"。

梅、桃、李等花的越墙能力与杏树相比都大为逊色，这可能与杏花易逝的悲剧命运有关：既然短暂，何妨疯狂！历代文人慧眼识杏，发现杏花的这种特性之后，大加发扬，为我们展示了杏花出墙的各种美姿。从此，杏花这种先天注定的生物性被赋予了人的特征，愈演愈奇，最后定格在"艳性"女子的审美世界里。如宋代姚宽《西溪丛语》卷上："牡丹为贵客，梅为清客，兰为幽客，桃为妖客，杏为艳客……"

杏 花

[唐] 温庭筠

红花初绽雪花繁，重叠高低满小园。正见盛时犹怅望，岂堪开处已缤翻[1]。情为世累诗千首[2]，醉是吾乡酒一樽。杳杳艳歌春日午，出墙何处隔朱门。

【注释】[1] 缤翻：形容杏花纷乱翻飞的样子。　[2] 世累：世俗的牵累。

【品析】 这首诗写杏花很有层次感。第一联写杏花开放的盛况。第二联写自己复杂的心情，对杏花容易飘落的担忧。第三联转到自身漂泊的命运上来。第四联将自己的处境与高墙之内的富贵人家进行对比，抒发自己深沉的苦闷。艳歌，既指杏花春景，更指富贵人家的春日宴饮。最后一句非常有趣，表面上看，诗人在说这些生机勃发的杏花"出墙来"，但实际上是说她们只能获得一时的快意，因为重重朱门紧锁，她们是不可能获得自由的，象征自己无法走入高墙朱门的无奈。

诗中有两个词特别值得注意。一个是"吾乡"。看来这首诗描写的是诗人重回家乡赏春的情景。"醉是吾乡"还指"醉乡"，语出初唐王绩《醉乡记》。游子无论流浪多远，回乡是一个永恒的主题，这个主题在唐代早已流行。另一个是"出墙"。红杏出墙，这个主题在多位晚唐至宋初诗人的笔下都有展现，如吴融《途中见杏花》"一枝红杏出墙头，墙外行人正独愁"；北宋词人魏夫人《菩萨蛮》也有"隔岸两三家,出墙红杏花"。温庭筠这首诗可能最早提供了"红杏出墙"的创意,虽然说得还不够明朗。

温庭筠《杨柳枝》:"南内墙东御路傍,须知春色柳丝黄。杏花未肯无情思,何事行人最断肠。"这里写的也是墙边杏花。

残 花

[唐]韩偓[1]

余霞残雪几多在,蔫香冶态犹无穷[2]。黄昏月下惆怅白,清明雨后寥梢红[3]。树底草齐千片净,墙头风急数枝空。西园此日伤心处,一曲高歌水向东。

【注释】 [1]韩偓(约842—923):字致尧(一作致光),又号玉山樵人,京兆万年(今陕西西安)人,晚唐五代诗人。其诗多写艳情,称为"香奁体"。有《香奁集》。 [2]蔫(niān)香:这里同"嫣"(yān),美好。 [3]寥梢:稀少,同"寥稍"。晚唐温庭筠《寒食日作》诗:"彩索平时墙婉娩,轻球落处晚寥梢。"

【品析】 这首诗虽没有点出花名,但从诗意(清明、花色)来判断,无疑写的就是杏花。余霞残雪,是说杏花红红白白的颜色,霞是红的,雪是白的,但都是快要凋落的残花了,所以用"余"与"残"来形容。即使这样,杏花的香味与姿态仍然相当高调。月光下有些苍白,令人惆怅;雨后的树枝上依然挂着几片残红。风吹过,树下的落英都被卷去,墙头上也只剩下几根空枝。此情此景不免令人伤感,还是写一首诗来安慰自己吧。时光不过如流水一般,一去不复返。

后来,我们看多了"红杏出墙"的冶态丰姿,但这首诗写作之时,那些"红杏出墙"的诗词都还没有发生。这里已经给我们描绘了墙头上的空枝,花已落去,枝条犹在,曾经的芳华如流水,都定格在那瑟瑟的狂风急雨中。

南宋释绍嵩集句诗《次韵杨判院送春》:"杏褪残花点碧轻,残花含恨脱红英。"明确了"残花"是"杏褪"的结果。

途中见杏花

[唐] 吴融[1]

一枝红杏出墙头, 墙外行人正独愁。长得看来犹有恨, 可堪逢处更难留。林空色暝莺先到, 春浅香寒蝶未游。更忆帝乡千万树[2], 澹烟笼日暗神州[3]。

【注释】[1] 吴融（？—903）：晚唐诗人，字子华，越州山阴（今浙江绍兴）人。考取进士时，他已经四十多岁了。这首诗大约是其未中举之前所写，所以对象征功名的杏花非常敏感。有《唐英歌诗》。 [2] 帝乡：指长安城。 [3] 澹烟：淡淡的烟雾。

【品析】 诗人走在路上见到一枝红杏从人家的墙头傲然伸出，芳菲点缀，摄人心魄。莺先到，指趋炎附势之人，抢占了先机；蝶未游，指不识时务者，不可为同道。因为途中看到出墙杏花，联想到自己政治追求未果的命运，从眼前无主的杏花到帝城象征功名的杏花，两相对照，营愁而释愁。所见为杏花，实则暗含对理想的向往。

此诗首句"一枝红杏出墙头"是作者的新创，脱口而出之句，一路下去，竟然成了咏杏的金句。南宋叶绍翁的诗只改了一个字："一枝红杏出墙来"，就成了千古名句，其源头就在这里。这句诗用墙意象与花意象相搭配，营造出春意不可阻挡的生机。

吴融常咏杏花意象，专题《杏花》诗另外还有两首，如《杏花》："独照影时临水畔，最含情处出墙头。"也有"红杏出墙"的寓意。提到杏花意象的还有《忆街西所居》："长忆去年寒食夜，杏花零落雨霏霏。"《渡淮作》："红杏花时辞汉苑，黄梅雨里上淮船。"《和张舍人》："杏花向日红匀脸，云带环山白系腰。"做官后咏及杏园的诗《赴职西川过便桥书怀寄同年》："不是伤春爱回首，杏坛恩重马迟迟。"

杏 花[1]

[宋] 王禹偁

桃红李白莫争春，素态妖姿两未匀。日暮墙头试回首，不施朱粉是东邻[2]。

【注释】 [1] 王禹偁有《杏花》七首，这是第三首。 [2] 东邻：美女。语出宋玉《登徒子好色赋》，这里指隔墙的杏花。

【品析】 这首诗用对比手法写出杏花的丰富姿态。桃花的红色体现出"妖姿"，李花的白色展示了"素态"，但它们仅各执一种姿态，只有杏花糅合了桃李的妖与素，有"兼美"之质。黄昏时分，你看从东家墙头伸出来的那一枝杏花，既没有描红，也没有搽粉，保持了红白之间那种素雅之态。

东邻意象的选择，是诗人的用意所在。宋玉《登徒子好色赋》说："东家之子，增之一分则太长，减之一分则太短，著粉则太白，施朱则太赤。"杏花则既不像李花那样白，也不比桃花那样红，是一个恰到好处的安排，所以可比"东家之子"。

这里的"墙"本是《登徒子好色赋》中原有的意象。宋玉说："然此女登墙窥臣三年，至今未许也。"美女"登墙窥臣"，当然只是在墙头露出脸来看着他，脸是女子最美的部位。只有将脸展示给人看，才能引起对方的注意与好感。用到这首诗里，墙头那一枝杏花不正是东家美女吗？

金代元好问有词《西江月》："杨柳宜春别院，杏花宋玉邻墙。"直接将"杏花宋玉"连称。他又有词《梅花引》："墙头红杏粉光匀。宋东邻，见郎频。肠断城南，消息未全真。"并附了一则真实的男女青年爱情悲剧故事："泰和中，西州

[明]陈遵《杏花新燕》，见于佳士得 2013 年秋季拍卖会

士人家女阿金，姿色绝妙。其家欲得佳婿，使女自择。同郡某郎独华腴，且以文采风流自名。女欲得之，尝见郎墙头，数语而去。他日又约于城南，郎以事不果来。其后从兄官陕右，女家不能待，乃许他姓。女郁郁不自聊，竟用是得疾。去大归二三日而死。又数年，郎仕，驰驿过家。先通殷勤者持冥钱告女墓云：'郎今年归，女知之耶？' 闻者悲之。"

玉津园 [1]
[宋] 穆修 [2]

君王未到玉津游，万树红芳相倚愁。金锁不开春寂寂，落花飞出粉墙头。

【注释】 [1]原题为《城南五题》，共五首，这是第五首。玉津园：在开封南熏门外，北宋初建成的东京四苑之一。 [2]穆修（979—1032）：字伯长，郓州汶阳（今山东汶上）人。曾被贬官池州，后徙居蔡州。倡导韩柳古文。著有《穆参军集》。

【品析】 这首诗写落花。与前选晚唐诗歌的"空枝""落尽"对看，"飞出粉墙头"的画面显得更具有动感。诗人虽未点出花名，但作杏花看最为恰当，"万树红芳"不过红杏万朵。此诗其实具有"宫词"特色，把锁在玉津园中开得正红的杏花比拟成宫女，让人陡生怜惜之情。因为君王未到，一群妙龄宫女只好整日相互依靠，芳心寂寞，愁绪难平。最后颜色凋谢，飞出墙头，心有不甘。这是此诗拟想的独到之处。

北宋贺铸有诗《魏城东》："短短宫墙见杏花，霏霏晚雨湿啼鸦。"他见到的是废弃的宫城，墙头杏还在那里"无主自开花"。他还有诗《东城马上》："繁杏半开随半落，短墙无计碍春风。"这一堵宫墙看来不是关不住杏花，而是锁不住自由浩荡的春风！

落花长吟（节选）
[宋] 邵雍 [1]

减却墙头艳，添为径畔红。飘零深院宇，点缀静帘栊 [2]。又恐随流水，仍忧嫁远风 [3]。水流犹委曲，风远便西东。

【注释】 [1] 邵雍（1011—1077）：字尧夫，其先范阳（今河北涿州）人，幼随父迁共城（今河南辉县）。北宋著名理学家、诗人，与周敦颐、张载、程颢、程颐并称"北宋五子"。著有《伊川击壤集》等。 [2] 帘栊：门窗的帘子。 [3] 嫁远风：唐李贺《南园》"可怜日暮嫣香落，嫁与春风不用媒"。

【品析】 这是一首五言长诗，这里节选的四联都是对落花的描写。这首诗是理学家写的落花，最后也归于"理"："开谢形相戾，兴衰理一同。"花儿从墙头落地，在院中飘舞，飞上帘栊，竟然具有点缀装饰的效果。最后，不免要委屈地随流水而去，更会被风吹得"劳燕分飞"。

[清]丁五凤《杏花竞放图》（局部），见于中国嘉德 2018 年拍卖会

墙头花未必就是杏花，但杏花是墙头最艳者。此诗有一处新意：墙头落红可为道路增色。这是同时做"加减法"，减去的是墙头的艳，添加的是路旁的红。花虽然落了，但落红无数色不衰。"落红不是无情物"，更添路旁一抹红。

杏 花

[宋] 王安石

垂杨一径紫苔封[1]，人语萧萧院落中。独有杏花如唤客[2]，倚墙斜日数枝红。

【注释】 [1] 紫苔：青苔。 [2] 唤客：叫唤、张罗客人。

【品析】 王安石是宋代吟咏杏花较多的诗人之一。据丁小兵检索，王安石至少有十一首诗整篇咏到杏花，如《金陵》："最忆春风石城坞，家家桃杏过墙开。"这首诗把杏花的风韵写得非常生动有味：杨柳遮盖住一条小路，很久都无人来过，地面上已长满了青苔。小院中几乎听不见人的说话声，只有一株杏花靠在墙边，伸出头来，好像与外面的行人打招呼。你看她在夕阳的照射下，把小脸羞得通红呢。

本诗的视点主要集中在墙头的几枝杏花上，诗人将之想象成一个会说话甚至有些调皮的小姑娘。既写出了杏花寂寞的娇态，又写出了诗人美好的感觉。王安石另有"红阅邻杏靥"（《再用前韵寄蔡天启》）的诗句，北宋王之道《蝶恋花》有"杏靥桃腮俱有觊。常避孤芳，独斗红深浅"、南宋陆游《园中小饮》诗中"杏靥笑墙头"，均与本诗有异曲同工之妙。

斜阳里看杏花，自有一番风味。晚霞照在红杏上，添色加彩，并且还是照在几株出墙的花枝上，聚焦效果更好。南宋吴文英《思客佳》词也说过"杏花宜带斜阳看，几阵东风晚又阴"。斜阳杏花，是斜阳与杏花相映红的一种审美设定，历来写这一设定的诗词有不少。如北宋毛滂《虞美人》词有副标题"东园赏春，见斜日照杏花，甚可爱"，词曰："一枝半朵恼人肠。无限姿姿媚媚、倚斜阳。"

浪淘沙·探春

[宋]苏轼

昨日出东城。试探春情。墙头红杏暗如倾。槛内群芳芽未吐[1]，早已回春。　绮陌敛香尘[2]。雪霁前村。东君用意不辞辛[3]。料想春光先到处，吹绽梅英。

【注释】 [1]槛内：指院墙里面。　[2]敛：聚集。　[3]东君：司春之神。

【品析】 这首词写得有点古怪，采用了倒叙的手法。他去探春，看到的只是杏花，当他闻香看雪才知道，梅花原来开得更早，只是他已错过而已。

若论花期，自然是梅在先，杏在后。但这里要表现的是梅、杏在诗人心目中的不同地位。苏轼向来对梅花褒扬有加，对杏花是很有贬损之意的。他看到的虽是杏花，但其内心尊重的还是梅花，所谓"料想春光先到处，吹绽梅英"。

其实，这里的墙头杏花也别有一番风味。"暗如倾"，是何等繁盛的姿态！花枝繁复，形成浓阴，几乎要压倒下来，可见花儿开得正旺。这对于杏花来说，已是春意最浓时。东坡另有《雨中花慢》词，也吟到墙头红杏："今夜何人，吹笙北岭，待月西厢。空怅望处，一株红杏，斜倚低墙。"酒后闻笙，怀人不得，只有一株红杏在眼前，差可替代解人。

雨中立杏花下

[宋]周紫芝[1]

浅红疏蕊出墙头，事往人空锁北楼。鸟为春愁浑不语，花知人意亦含羞。东风脉脉情何限，细雨蒙蒙泪不休。却忆去年花下醉，依稀记得小蛮讴[2]。

【注释】[1]周紫芝（1082—？）：字少隐，号竹坡居士，宣城（今属安徽）人，南宋文学家。后退隐庐山。著有《太仓稊米集》《竹坡词》等。　[2]小蛮：白居易的舞伎名，泛指歌女。白诗："樱桃樊素口，杨柳小蛮腰。"讴：歌唱。

【品析】 这是一首怀人诗。去年杏花天，诗人曾在杏花下饮酒，听着歌女小蛮清亮的歌声。今年细雨霏霏，诗人又一次立在杏花树下，只见今年花，不见去年人。鸟也知愁，花也含羞。情无限，泪空流。

第一联将"浅红疏蕊"的杏花与"事往人空"的北楼相对，往事如残红，人空似落花。这一联的对比还有一层：杏花可以出墙头，往事只能锁深院。春来杏自开，依然墙头艳，而"燕子楼空，佳人何在？空锁楼中燕"（苏轼《永遇乐》）。残红之于杏花，倒也常见；疏蕊形容杏花，用词清新。

马上作

[宋] 陆游

平桥小陌雨初收[1]，淡日穿云翠霭浮[2]。杨柳不遮春色断，一枝红杏出墙头。

【注释】 [1] 小陌：小路。 [2] 翠霭：绿雾。

【品析】 钱钟书先生在《宋诗选注》里考察叶绍翁"一枝红杏出墙头"的语源时，所引第一例就是陆游此诗的末句，并认为叶诗"写得比陆游的新警"。

细品这首诗会发现，它其实比叶绍翁那一句更有深味。杨柳青青，构成了视觉上的一道幕墙，墙头的一枝红杏傲然出墙来，立即撕破了那道浓浓的绿幕，于是杨柳再已遮不住春色了。陆游《小舟过御园》诗有"绿杨闹处杏花开"，南宋陈郁《莺燕》的诗有"红杏墙连柳外门，春风池接暖烟村"，都与这首诗中的第三句构思相类。

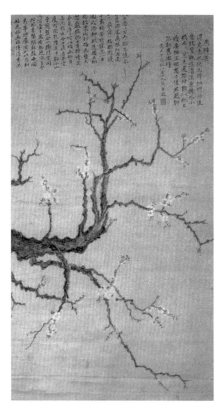

[清] 顾春《文杏图》（首都博物馆藏）

这里的"破",既有形的突破,也有色的点破,万户垂杨里,突见一枝红。叶绍翁的诗所谓"新警",应该是指他用的"关不住",似比"遮不断"的阻隔效果更佳。"遮"有些遮遮掩掩的,是自然形成的屏障,"关"是人为的阻隔。

陆游是写杏花诗的高手。从他的诗中可查询到五十多例带"杏"的诗句,不仅有"深巷明朝卖杏花"之明朗,还有"一枝红杏出墙头"之顺畅,"红杏红于染"之秾艳等。陆游《小园花盛开》还有"鸭头绿涨池平岸,猩血红深杏出墙",其中"猩血红深杏出墙"一句别出心裁。杏花的红色有淡红、红轻、红得像"喷火蒸霞"等。此诗用"猩血红"一词形容杏花并不多见,可谓独特新奇,比陆游略早爱写梅花的诗人李龙高《杏梅》曾用过此喻:"淡把猩猩血染成,浣他玉雪一生身。"

偶 题

[宋]张良臣[1]

谁家池馆静萧萧,斜倚朱门不敢敲。一段好春藏不尽,粉墙斜露杏花梢[2]。

【注释】 [1]张良臣:生卒年不详,字武子,大梁(今河南开封)人,避地于鄞(今宁波一带),约宋孝宗淳熙初前后在世。隆兴元年(1163)登进士第。家贫嗜诗,学者称"雪窗先生"。有《雪窗集》。 [2]粉墙:白色的墙。

【品析】 这首诗也是钱钟书先生为"一枝红杏出墙来"溯源提供的诗证之一,并评论说:"第三句有闲字填衬,也不及叶绍翁的来得具体。"但这首诗也自有它的好处。花枝"斜露"是很有看头的,这既符合树枝伸展的原生态,也展露出杏花调皮、风流的本性来,比"一枝红杏出墙来"更有"嚼头"。此诗之所以不如叶绍翁影响更大,是因为"藏不尽"的效果。藏,过于实,且力度不够,既可视为被"雪藏",也可理解为主动"藏拙"。而"关不住",那一定是强力所为,不容置疑。因此,陆游的"遮不断"、张良臣的"藏不尽"都不如叶绍翁的"关不住"来得果断精警。

游园不值[1]

[宋]叶绍翁[2]

应怜屐齿印苍苔[3]，小扣柴扉久不开[4]。春色满园关不住，一枝红杏出墙来。

【注释】 [1]游园不值:游园不遇,拜访小园的主人,却没有碰到他。 [2]叶绍翁:字嗣宗,号靖逸,祖籍建安（今属福建）,自署龙泉（今属浙江）人,南宋中期诗人。曾做过小官,长期隐居于西湖。其诗语言清新,意境高远,属江湖诗派风格。有《靖逸小集》《四朝闻见录》等。 [3]屐（jī）齿:屐底的齿。屐,古代的木头鞋,像现代的拖鞋,可防雨防泥泞。 [4]这一句《江湖小集》作"十扣柴扉九不开",《两宋名贤小集》作"小扣柴扉久不开"。钱钟书《宋诗选注》用后者。

【品析】 这是一首描写杏花的名篇。之前,所有唐宋诗词中关于"红杏出墙"的诗意都融会在这首诗中,并以一种最佳的表达方式而受到世人的推崇,尤其是此诗的后一联,更成为千古名句。

墙头杏花

[元]宋无[1]

红杏西邻树,过墙无数花。相烦问春色,端的属谁家[2]？

【注释】 [1]宋无（1260—1340）:字子虚,号晞颜,平江（今江苏苏州）人。元初诗人,善画墨梅。 [2]端的:到底,究竟。

【品析】 诗人常把杏花比拟成"东邻子",既然这里说的是"西邻树",那便要问一问,最美景色到底在东邻,还是在西邻? 西邻杏花纷纷越过墙头到了东邻家,那么,春色在哪里? 这真的不好说,伸过墙来的杏花也许春意更浓吧。在诗人眼中,杏花已经人格化,变身为放纵娇艳的女子。出于好奇,他真想问个究竟。这可与李白《相逢行》对读:"相逢红尘内,高揖黄金鞭。万户垂杨里,君家阿那边? "问,是受到诱惑并心怀期待的一种心理释放。

[现代]于非闇《红杏图》

宋无还有一首提到杏花的题画诗《唐人四马卷》："昨日杏园春宴罢，满身红雨带花归。"杏园宴归，竟然满身红雨，原来是杏花落英沾满了衣襟，看来他带回的不仅是花色点点，还同时带回了成功与喜悦。将杏花形容为"红雨"，在北宋诗中即已出现。如北宋元绛《和上巳西湖胜游》："湖水绿烟浮醉席，杏花红雨拂春衫。"南宋林芘（pí）《游鸣山》："杏花舞径乱红雨，麦浪涨空摇翠烟。"

三、民俗

杏花是房前屋后的常见护院花，自古以来，就与民间生产和生活密切相关。杏花开时，农耕开始；杏果熟了，吃法多样。杏花因为花期较短，因而积累的民俗内涵相对集中，如寒食杏花节俗、折花习俗，以及喜庆、婚嫁习俗等，此处就寒食花俗、农耕与折花习俗选读诗词若干。

（一）寒食

寒食节在唐代很受重视，因为不能生火，人们便借酒驱寒。如韦应物《寒食》："把酒看花想诸弟，杜陵寒食草青青。"白居易《寒食日过枣团店》："酒香留客住，莺语和人诗。"

春日雨

[唐] 温庭筠

细雨蒙蒙入绛纱[1]，湖亭寒食孟珠家[2]。南朝漫自称流品[3]，宫体何曾为杏花[4]。

【注释】[1]绛纱：红色的纱帐，这里形容杏花红成一片。　[2]孟珠：贵家之女子，身份多是小妾。南朝乐府诗有《孟珠》十曲，又称《丹阳孟珠歌》。　[3]流品：魏晋南北朝时期，选官实行九品中正制。流品指官阶等级。后亦泛指门第、社会地位、人品和诗品等。　[4]宫体：南朝齐梁时期一种诗体，后来主要指艳情诗。

【品析】清明寒食时节，杏花开放，江南多雨，细雨蒙蒙，远望就像湖上笼罩着一层红色的轻纱。湖亭边是丽人孟珠的家，娇柔的杏花和她非常相类，看起来都像南朝"宫体诗"那样香艳多情。

有人把这首诗看成"论诗绝句"，作者借用杏花的艳质来为两种"宫体诗"做了甄别。前两句把杏花定位于"艳情"，但诗的后两句用典，有拨乱反正之意。

据《南史》记载，南朝梁的徐摛（chī）身材矮小，却是个好学之士，"遍览经史，属文好为新变，不拘旧体"。于是，"摛文体既别，春坊尽学之。'宫体'之号，自斯而始。帝闻之怒，召摛加消责。及见，应对明敏，辞义可观，乃意释"。原来，太子宫（春坊，即春宫）中的才女们纷纷学徐摛的新诗写法，这种诗体一时被为"宫体"。梁武帝听说之后很生气，以为徐摛写了些不好的诗歌。等找来一对质，发现徐摛原来是很有学问的人。

温庭筠这首诗是说，在南朝的时候，徐摛人品、文品、官品都不错，可算是"流品"，虽说学他的诗体有"宫体"之称，但他自己的诗风并无杏花那种娇柔的特色。宫体诗后来之所以名声不佳，是被那些宫女和"宫体诗人""玩"坏了。这里杏花意象就是指代那些艳性风流的"孟珠"们。

寒食夜

[唐]韩偓

恻恻轻寒翦翦风[1]，小梅飘雪杏花红。夜深斜搭秋千索，楼阁朦胧烟雨中。

【注释】 [1]恻恻：这里指寒冷貌。

【品析】 这首诗写一位妙龄女子春夜无眠、自娱自乐的情景。春寒料峭，微风阵阵。只见白梅的花瓣在飘落，如雪在飞，而杏花却开得正红。夜深人静，烟雨朦胧的小园里，女子慵懒地靠在秋千索上，心事无限。"斜搭"一词生动地描画出女子的神态，真可谓"蹴罢秋千，起来慵整纤纤手。露浓花瘦，薄汗轻衣透"（李清照《点绛唇》）。

这里选用白梅与红杏意象来衬托青春女子的艳态。美女的标准是：肤白唇红，白如梅，红如杏；粉脸含春，红白相间，真是"增之一分则太红，减之一分则太白"。杏花与女性的"互训"关系比较复杂，既有色相类，又有性情相通；既有人生初始之惜，又有青春易逝之叹。这首诗中最有意味的"小梅飘雪杏花红"一句，还可理解为，春夜里一起来过节的有好几个女子，有的如小梅，有的如红杏，不一而足，表达的都是寒食夜间少女的芳心与闲愁。

春日即事

[唐] 崔橹[1]

一百五日又欲来[2]，梨花梅花参差开。行人自笑不归去，瘦马独吟真可哀。杏酪渐香邻舍粥[3]，榆烟将变旧炉灰。画桥春暖清歌夜，肯信愁肠日九回。

【注释】 [1] 崔橹：唐宣宗大中时（847—859）举进士。有《无机集》。[2] 一百五日：寒食节。唐代节俗，冬至后第一百零四、一百零五、一百零六三日为寒食节，第三日即清明节，可以生火。 [3] 杏酪：杏粥，粥中加杏仁。

【品析】 诗说"梨花梅花参差开"，中间省去了杏花。这首诗中提到的"杏酪"，是粥中加杏仁的那种杏粥，也称杏仁茶。《红楼梦》第五十四回"凤姐儿又忙道：'还有杏仁茶，只怕也甜。'"清代袁枚《随园食单》把制作的方法写得很清楚："杏酪，捶杏仁作浆，挍去渣，拌米粉，加糖熬之。"又有清代李汝珍《镜花缘》第六十九回："茶罢，略叙寒温，又上了两道杏酪、莲子汤之类。"至近代，这种杏粥也仍是常备点心。

晚唐曹松《钟陵寒食日郊外闲游》："可怜时节足风情，杏子粥香如冷饧。"所谓"杏子粥香"也即杏酪，与"杏花香粥"有所不同。

渡淮作

[唐] 吴融

红杏花时辞汉苑[1]，黄梅雨里上淮船[2]。雨迎花送长如此，辜负东风十四年。

【注释】 [1] 汉苑：指长安城杏园。 [2] 黄梅雨：指今日所言梅雨。北宋苏轼《赠岭上梅》："不趁青梅尝煮酒，要看细雨熟黄梅。"贺铸也有《青玉案》："一川烟草，满城风絮，梅子黄时雨。"淮船：渡过淮河南下的船。

【品析】 杏园里杏花正红时，诗人辞别长安城。梅雨萧萧下，他已来到淮河的渡船上。花在那里送别，雨在这里迎接，人生如此反复，已经过了十四年。

吴融是今浙江绍兴人，从京城返回家乡，要渡过淮河。而黄梅雨一下就是几十天，让人心情郁闷。据记载，吴融从唐僖宗咸通六年（865）开始参加科举考试，一直考到龙纪元年（889）才中举，前后经历了二十五年。这一次返回后他还要等待十年才能考取。

红杏花时离京城，既代表功名与他擦肩而过，也指明了是寒食清明时节。因为从长安到淮河，一路上至少需要一两个月，如果路上再去走亲访友，时间会更长一些，所以到了淮河边上，正遇到梅雨天气，这更加重了他心情的苦闷。

村郭寒食雨中作

[宋] 穆修

寂寥村郭见寒食，风光更著微雨遮。秋千闲垂愁稚子，杨柳半湿眠春鸦。白社皆惊放狂客[1]，青钱尽送沽酒家[2]。眼前不得醉消遣，争奈恼人红杏花。

【注释】[1] 白社：指隐士或隐士所居之处。唐白居易《长安送柳大东归》诗："白社羁游伴，青门远别离。" [2] 青钱：青铜钱。杜甫《北邻》："青钱买野竹，白帻岸江皋。"也指优秀人才。

【品析】 这首诗所写的其实是一个有实无名的"杏花村"。这个村子人烟稀少，因为春雨如烟，村里的

[元] 佚名《杏鹅图》（台北故宫博物院藏）

景致也看不太清楚。路边的秋千架上空无一人，孩子们感到很无趣。乌鸦立在被雨打湿的杨柳枝上打盹。然而这乡野之地却成为狂客们春游的好去处，大家都跑

到村里酒家去喝酒呢。而眼前这一切，最让人陶醉的，就是那满村开得正好的红杏花。

红杏花为什么会"恼人"呢？哪里是杏花恼人，原来是春雨愁闷人自扰，村外酒家解愁来。红杏花不仅是点题之词，更是点睛之笔。

再游西城

[宋]贺铸[1]

柳条破眼已堪攀[2]，鹭下城隅水一湾。后日重来寒食近，杏花林外见青山。

【注释】 [1]贺铸（1052—1125）：字方回，自号庆湖遗老。祖籍今浙江绍兴，卫州（今河南辉县）人，北宋词人。尝作《青玉案》，有"梅子黄时雨"句，世称"贺梅子"。有《东山词》。 [2]柳条破眼：早春初生的柳叶如人睡眼初展，称"柳眼"。攀：折。

【品析】 这首诗写城西春景，最后一眼由近及远，收获意外。最后一句有禅意，杏红山青，相融在一处。花愈红，则山愈青；花愈密，则山愈遮。这种写法有如现代摄影技术，包括取景、调色、聚焦等。其实中国古典诗词很在意运用独特的"摄影技巧"，七绝诗大多都有由远及近、由大到小、由淡到浓等主观意念随观察视角变化的过程。这首诗的取景可以看成由近及远，最后才能以青山作为大背景，突出了景深与色彩的对比。

这种写法还有其他的表现形式。比贺铸诗更早的欧阳修《玉楼春》词中有一个名句"杏花红处青山缺"，与这里的"杏花林外见青山"说的是同一个意思。欧阳修的创意更具有画面感，一个"缺"字很吸引眼球。但将这一句放在那首词中只是孤芳一点，不如贺铸的这首诗整篇有"寒食气息"。宋末元初黎廷瑞《东湖诗十首》之一："游丝窈窕织春晖，杨柳人家半掩扉。一片暖云筛雨过，杏花疏处见莺归。"最后一句，杏花疏处，看见莺鸟归来，因为鸟儿是从树枝间穿飞而过。没有疏处，鸟飞不过去；鸟与花，一动一静；颜色也有对比，花红鸟黄，也颇惹眼。

杏華春雨江南

以趙令穰水郭圖意運入于高房山
方上清畫法中覺活潑天機不宗一派
兩山川姿態出吳
明董華亭興多真練其人之法
虱九及三兩撼此法戲行不殷悄
一寄為丁巳四初吳江陸恢輸記

［近代］陆恢《杏花春雨江南》，见于江苏和信 2019 年春季艺术品拍卖会

秋 千

[宋] 释惠洪[1]

画架双裁翠络偏[2]，佳人春戏小楼前。飘扬血色裙拖地，断送玉容人上天。花板润沾红杏雨[3]，彩绳斜挂绿杨烟。下来闲处从容立，疑是蟾宫谪降仙[4]。

【注释】 [1] 释惠洪（1070—1128）：字觉范，自号寂音尊者。俗姓喻，筠州（今属江西）人。北宋著名诗僧，有"浪子和尚"之称。有《冷斋夜话》《石门文字禅》等。 [2] 双裁：秋千上的两条绳子。翠络：绿色绳子，即彩绳。 [3] 花板：多彩秋千踏板。 [4] 蟾宫谪降仙：从月宫贬下的仙女。

[元] 佚名《杏花鸳鸯图》（美国华盛顿大学东亚图书馆藏）

【品析】 清明时节，女子穿着红色长裙，显得狂野娇憨，看她荡起来时，几乎要飞上天去，何其欢快！踏板上杏花点点，彩绳挂在绿杨树上。等她玩累了，从秋千架上下来时，神态快乐、痴迷、飘逸，简直就像刚刚下凡的仙女。

清明时节，杏花在微雨中飘落，落在秋千踏板上，身着一团红艳的女子身立踏板。而更妙的则是红与绿的对比，红衣女子飘荡在绿杨之间，展现给观众的是一场视觉的盛宴。红杏与绿杨是诗人笔下常见的意象搭配，唐诗就有"绿杨红杏满城春"（杨巨源诗）。这既符合杏与柳的春意厮守，同时还在于柳舞花飞的缠绵，更有色彩的烘托与交融，而这些特点，若用女子荡秋千的动作来诠释，则是再恰当不过的了。

这样生动的"女子荡秋千图"出自一个"浪子和尚"之手，确是一个奇迹。这首诗被选进《千家诗》，广为传诵。

春　寒

[宋]陈造[1]

清明寒食经旬是，笑问风寒更几余。小杏惜香春恰恰[2]，新杨弄影午疏疏。

【注释】[1]陈造（1133—1203）：字唐卿，高邮（今属江苏）人，人称"淮南夫子"，曾官迪功郎，以辞赋闻名艺苑。有《江湖长翁集》。　[2]恰恰：这里指正好。杜甫《绝句》："自在娇莺恰恰啼。"

【品析】这组《春寒》诗共六首，这里选读一首。清明寒食节前后的十几天里，春风渐渐由寒变暖了。小小的杏花知道春天即将离去，特意将花香散发得浓浓的，而在正午的时候，风吹柳枝，疏影横斜，一派生机盎然的景象。

清明时节，大自然中一切都是崭新的，风也在不知不觉中乍暖还寒。杏花的芳香更加浓郁，在诗人眼中，这是它们惜春难舍的一种表现。"春恰恰"一词有味，是一种自得其趣、用心良苦、恰到好处的状态。

这组《春寒》诗的另一首有："杏花已尾樱花拆，正要深红间浅红。"说明其时杏花即将过期，色褪浅红，而樱花的深红正在登场。这深浅相间的色彩调配正是造化的妙处之所在。

纪子正杏园燕集[1]

[金]元好问

纪翁种杏城西垠，千株万株红艳新。今年寒食好天色，晓气郁郁含芳津[2]。天公自爱此花好，朝薰暮染烦花神。融霞晕雪一倾倒，非烟非雾非卿云[3]。半开何所似？里中处女东家邻[4]。阳和入骨春思动，欲语不语时轻颦。就中烂漫尤更好，五家合队虢与秦[5]。曲江江头看车马[6]，十里罗绮争红尘。阳平一邑多诗豪，主人买酒邀众宾。花时有成约，恨少杨子张吾军^[7]。落花著衣红缤纷，四座惨淡伤精魂。花开花落十日耳，对花不饮花应嗔。爱花常苦得花晚，争教行乐无闲身^[8]。芳苞一破不更合，且看锦树烘残春。

【注释】 [1]燕集：宴饮聚会。题下原有小注"甲午岁"。 [2]芳津：对液汁的美称，这里指杏花的香味。 [3] 卿云：庆云，一种彩云，古人视为祥瑞之征。 [4] 东家邻：东邻，指美女。 [5] 虢与秦：指杨贵妃的姊妹虢国夫人和秦国夫人，这里指贵族女眷。唐代画家张萱有《虢国夫人游春图》。杜甫《丽人行》："就中云幕椒房亲，赐名大国虢与秦。" [6] 曲江：长安曲江池，即杏园所在地。 [7] 张吾军：一种理解，谓壮大自己的声势。 [8] 争教：怎教。

【品析】 纪子正是元好问的朋友，他在城西的原野上种了许多杏树，有上千棵之多。花开时，那种红成一片的感觉令人震撼。今年的寒食节，天气很不错，杏花开得艳，他请大家来赏花饮酒。那红红白白的杏花，望去如烟如雾。半开的杏花就像是东邻的美女，情韵生动，仪态万方，让人恍然觉得来到了曲江池边，车水马龙，熙熙攘攘。十里红尘，满眼都是贵家公子和香车美人。

这首诗虽然说的是宴集，但并没有写饮酒之事，而是浓墨重彩地描绘了杏花的灿烂与游观者的疯狂。这个纪翁真是了不得，竟然种下这么多杏树，杏花开放时，那是怎样壮观的景象！其感染力可以穿透历史，跨越时光。元好问还有《杂诗》言及杏花，称"从此他乡不算春"，正此之谓。《聚仙台夜饮》说的才是饮酒之事："我爱阳平酒，兵厨酿法新。百金难著价，一盏即醺人。色笑榴华重，香兼竹叶醇。为君留故事，唤作杏园春。"诗有原注："杏园，指纪子正家园为言。"元好问《冠氏赵庄赋杏花四首》之四云："东风谁道太狂生？次第开花却有情！闻道纪园千树锦，一尊犹及醉清明。"

风入松·杏花春雨江南[1]

[元] 虞集[2]

画堂红袖倚清酣。华发不胜簪。几回晚直金銮殿[3]，东风软、花里停骖[4]。书诏许传宫烛[5]，轻罗初试朝衫。　　御沟冰泮水挼蓝[6]。飞燕语呢喃。重重帘幕寒犹在，凭谁寄、银字泥缄。报道先生归也，杏花春雨江南。

【注释】 [1]原题为《风入松·寄柯敬仲》，"杏花春雨江南"为编者所加。 [2]虞集（1272—1348）：字伯生，号道园，世称"邵庵先生"，祖籍仁寿（今属四川），迁崇仁（今属江西）人。元代著名学者、诗人。有《道园遗稿》等。 [3]直：同"值"，值班。 [4]骖（cān）：古代驾在车前两侧的马。 [5]这一句是说，寒食节结束的晚上传来诏书，火种可以传出宫中了。 [6]冰泮：冰冻融解，指早春二月。挼（ruó）蓝：浸揉蓝草作染料，这里指湛蓝色。

【品析】 这首词把初春的风软、水蓝、燕语、轻寒、杏花、春雨、江南等意象一一列出，让人有身临其境的感觉。词中最为人称道的是结尾一句："杏花春雨江南。"据程杰先生考证，虞集这一句词是自古以来第一次将初春的三个意象联成一体：寒食时节、江南地区、春雨

[现代] 吴徵《杏花春雨图》，见于中国嘉德四季 49 期拍卖会

连绵、杏花开放。唐宋诗词都涉及这三个意象，最多不过两两连出，未成一句。如南宋陈亮的词《品令·咏雪梅》："怎向江南，更说杏花烟雨。""杏花春雨江南"的意象连称营造出清明时节最滋润、最具诗意的江南意境，犹似一幅春意迷蒙的写意山水画。

这首词所寄的柯敬仲，就是著名画家柯九思。据程杰先生考察，柯九思对这首词很是喜爱，"以虞学士书《风入松》于罗帕作轴"。诗人陈旅《题虞先生词后》："忆昔奎章学士家，夜吹琼管泛春霞。先生归卧江南雨，谁为掀帘看杏花。"吴师道《京城寒食雨中呈柳道传吴立夫》诗也化用此句："春深不见试轻衫，风土殊乡客未谙。蜡烛青烟出天上，杏花疏雨似江南。"元代陶宗仪《辍耕录》卷十四："（虞集《风入松》）词翰兼美，一时争相传刻，而此曲遂遍满海内矣。"明代瞿佑《归田诗话》卷下也记载："曾见机坊以词织成帕，为时所贵重如此。"明代江西还建有"杏花春雨亭"，常常成为绘画题材。后来民间还出现一个广为人知的对联："骏马秋风塞北，杏花春雨江南。"以至于今日，以《杏花春雨江南》为题的写意画仍然层出不穷。

元代诗人果罗啰《东岳庙杏花诗》（一见纳延《金台集》）："上东门外杏花开，千树红云绕石台。最忆奎章虞阁老，白头骑马看花来。"虞阁老即虞集。

（二）农耕

中国传统社会是一个农耕社会，人们很早就学会了通过观察大自然的物候来安排农事。杏花开放的时令正好与农耕开始相对应，因此杏花与菖蒲一道成为农耕的提示符号，经过民俗与诗文的推助，形成"杏花耕"的文化寓意。

杏花耕[1]（节选）
[汉] 氾胜之《氾胜之书》[2]

杏始华荣，辄耕轻土[3]、弱土[4]。望杏花落，复耕。耕辄蔺之[5]。草生，有雨泽，耕重蔺之。土甚轻者，以牛羊践之。如此则土强，此谓弱土而强之也。春气未通，则土历适不保泽，终岁不宜稼，非粪不解，慎无旱耕。须草生，至可种时，有雨即种。土相亲，苗独生，草秽烂，皆成良田。此一耕而当五也。

【注释】 [1]题目为编者所加。 [2]选自《氾（fán）胜之书·耕田》。该书为西汉末期氾胜之所著，是中国古代第一部农书。 [3]轻土：松散的泥土。 [4]弱土：柔软之土。 [5]蔺：通"躏"，车轮碾压。

【品析】 古人春耕以杏花的开、落作为节候依据，非常方便准确。杏花随处可见，见其开花便可安排农事。杏花开放是节气的植物学反映，而谷物与杏树均"同气"。杏花开时，要准备平整田土，将松散潮湿的土地翻耕一遍，待过十天左右，杏花落时，再翻一遍，使之干燥结实，以备下种。

［清］沈源、唐岱《圆明园四十景图咏——杏花春馆》（法国国家图书馆藏）

杏花生当其时，千百年来成为农家春耕的标志性信号，既简且美。后世民间保留了此习俗，才不致错过农时，同时也成为文人乐道的话题。不过，中国地域广阔，南北气温差异很大，西汉的记载，大多指中原一带，而长江以南、燕山以北及陇西地区均有不同。

《氾胜之书》是记载"杏花耕"较早的一个源头。东汉后期崔寔的《四民月令》也说："三月杏花盛，可播白沙、轻土之田。"后来北魏贾思勰《齐民要术》多引用其书内容，包括以上所引的这一段。崔寔还说："杏花盛，桑椹赤，可种大豆，谓之上时。"杏花又可成为种豆的时令参考。从此，"杏花耕"成为经典的农令概念。

田

[唐] 李峤[1]

贡禹怀书日[2]，张衡作赋辰[3]。杏花开凤轸[4]，菖叶布龙鳞[5]。瑞麦两岐秀[6]，嘉禾同颖新[7]。宁知帝王力，击壤自安贫[8]。

【注释】[1]李峤（约645—约714）：字巨山，赵州赞皇（今属河北）人。历仕五朝，曾任宰相。李峤善诗文，存诗五卷，有名篇《汾阴行》。 [2]贡禹（前127—前44）：字少翁，琅邪（今山东诸城）人，任凉州刺史。曾向汉元帝上书，主张选贤诛奸，罢乐节俭，不违农时。后世尊为"贡公"。 [3]张衡（78—139）：字平子，今河南南阳人。东汉文学家。著有《归田赋》："感老氏之遗诫，将回驾乎蓬庐。" [4]凤轸（zhěn）：华美的车乘，上有凤凰雕饰。 [5]龙鳞：龙的鳞甲，又指龙袍。 [6]两岐：两个分岔。指每根麦秸上分出两支穗子。 [7]嘉禾同颖：又称嘉禾重颖。嘉禾，指一株多穗的农作物，一般以九穗以上者为瑞。麦两岐、禾重颖，都是丰收的吉兆。唐吕温《道州观野火》诗："遍生合颖禾，大秀两岐麦。" [8]击壤：古代民间野老自得其乐的投掷类游戏，这里双关。

【品析】 这首农事诗化用一连串的典故，营造春耕的气氛，祈盼美好的收成。农事诗中出现杏花意象，这是比较早的作品。第二联语义双关，字面意思是说，杏花开得就像凤轸上华美的花纹，菖蒲叶子叠在一起看上去就像是龙鳞；象征意义是，杏花开了，田里来了春耕的车子；菖叶长时，田土被犁成鳞片一样的土块。

李峤长期为朝廷高官，但他这个人比较低调，关心农事。他将杏花意象引入春耕诗中，既是展示用典的手法，也是抒发悯农的情怀。古代社会，关注农事的官员有很多，但能够将杏花意象的这层寓意活用起来的诗人并不多。和他同为"文章四友"的杜审言《晦日宴游》诗有："日晦随蓂荚，春情著杏花。"这里的杏花仅是指代春天而已。

诗中出现的菖叶即菖蒲的叶子，它与杏花一样，都是春耕的指代。《尔雅翼》引《吕氏春秋》曰："冬至后五旬七日，菖始生。菖者，百草之先生者也，于是始耕。"杏花与菖叶在诗中连对出现，它们都是春耕的隐喻。如梅尧臣《永城杜寺丞大年暮春白杏花》："孤素发残枝，非关比众迟。殷勤胜菖叶，重叠为农时。"欧阳修《渔家傲》："二月春耕昌杏密，百花次第争先出。"葛立方《避地伤春六绝句》："菖叶青青杏蕊新，牛耕白水一犁匀。"毛滂有诗《春词》："不会君王春思别，杏花菖叶在农时。"《早春》："如今佩犊老东冈，杏花菖叶催田事。"厉文翁《杏花》："杏花菖叶渐烂斑，率属劝农入祖关。"方回《再题通政院王荣之八月杏花》："早开菖叶劝耕辰，八月繁华又一新。"

田家即事（节选）

[唐] 储光羲[1]

蒲叶日已长，杏花日已滋。老农要看此，贵不违天时。迎晨起饭牛[2]，双驾耕东菑[3]。

【注释】 [1]储光羲（约706—约763）：润州延陵（今江苏常州）人。初唐山水田园诗人，与孟浩然、王维、裴迪等交往。仕途不得志，遂隐居终南山。有《储光羲诗集》。 [2]饭牛：喂牛。 [3]双驾：耦耕，本指二人并耕，这里指二牛并耕，因为荒地土壤板结，需要畜力更大。也可指耕者与牛一起去劳作。东菑（zī）：田园。菑，指初耕的田地，或指开荒。王维《积雨辋川庄作》："积雨空林烟火迟，蒸藜炊黍饷东菑。"

【品析】 此处节选三联。储光羲与王维是好友。王维《田家》诗："夕雨红榴坼，新秋绿芋肥。饷田桑下憩，旁舍草中归。"《渭川田家》有："雉雊麦苗秀，蚕眠桑叶稀。"王维的好友祖咏《田家》有："稼穑岂云倦，桑麻今正繁。"这些"田家诗"所写有的是秋天，有的是初夏，都没有出现"杏花"。王维的其他诗歌多次提到杏花，但都没有使用"杏花耕"这层寓意。

菖蒲叶子很长了，杏花开得正好。老农都知道，这是春耕的信号，要抓紧时间安排农事。他们一大早就来喂牛，然后到田里去开荒耕种。

诗人长期生活于民间，对农事不仅充满热情，而且也相当内行。如他另有一首《田家即事》诗："桑柘悠悠水蘸堤，晚风晴景不妨犁。高机犹织卧蚕子，下坂饥逢饷馌妻。杏色满林羊酪熟，麦凉浮垄雉媒低。生时乐死皆由命，事在皇天志不迷。"诗中的"杏色"即黄色，指成熟的杏子。

忆春耕

[唐] 李德裕[1]

郊外杏花坼[2]，林间布谷鸣。原田春雨后，溪水夕流平。野老荷蓑至[3]，和风吹草轻。无因共沮溺[4]，相与事岩耕[5]。

【注释】 [1] 李德裕（787—850）：字文饶，赵郡（今河北赵县）人，唐代官员、诗人，"牛李党争"中李党领袖。历任高官，一度为相，人生起伏，最后死于贬所海南岛。 [2] 坼：裂开，指杏花开放。 [3] 蓑（suō）：蓑衣，用草或棕毛做成的雨具。 [4] 沮溺（jūnì）：长沮和桀溺，春秋时的两个隐士，隐居不仕，从事耕作。 [5] 岩耕：西汉名士郑子真（名朴）隐居不仕，耕于岩石之下，后以"岩耕"指耕种于山中，也指隐居。

【品析】 这是一首格调轻快的农事诗。诗人深情回忆起家乡春耕时节的情景。杏花开了，布谷鸟叫了，春耕的季节到了。

杏花开在二月，其时地气渐暖，农事渐繁。早在南北朝时期，杏花就已成为农时的参照物。《文选》选南朝齐王融《永明九年策秀才文》之二"将使杏花菖叶，

［清］佚名《清院本十二月令》（台北故宫博物院藏）

耕获不偿"，李善注引《氾胜之书》曰："杏始华荣，辄耕轻土、弱土。望杏花落，复耕。耕辄蔺之。此谓一耕而五获。"即所谓"望杏敦耕，瞻蒲劝穑"（宋代陈元靓《岁时广记》）。唐诗中提到"杏花耕"主题的诗并不多，这首诗是比较早的。晚唐杜荀鹤《遣怀》："红杏园中终拟醉，白云山下懒归耕。"也点到了这一层意旨。北宋宋祁有多首这个主题的诗，有"催发杏花耕""先畴少失杏花耕""催耕并及杏花时"等诗句。

　　杏花开放，唐人用"坼""拆"来形容，非此一例。坼是指杏花含苞初放时，薄薄的花瓣就像是纷纷裂开一样，因为花苞里有生命待出。"坼""拆"似比"开"更形象，盛唐沈千运《感怀弟妹》："今日春气暖，东风杏花拆。"中唐韦应物《因省风俗访道士侄不见题壁》："去年涧水今亦流，去年杏花今又拆。"张籍《远别离》："莲叶团团杏花拆，长江鲤鱼鳍鬣赤。"白居易《二月一日作，赠韦七庶子》："园杏红萼坼，庭兰紫芽出。"均此之谓。

出城所见赋五题（节选）

[宋] 宋祁[1]

　　二月雨堪爱，霏霏膏泽盈[2]。添成竹箭浪[3]，催发杏花耕。

　　【注释】 [1]宋祁（998—1061）：字子京，开封雍丘（今河南杞县）人，幼居安陆（今属湖北），北宋诗人。与兄宋庠并有文名，时称"二宋"。诗词语言工丽，因《玉楼春》词中有"红杏枝头春意闹"句，世称"红杏尚书"。　[2]膏泽：滋润土壤的雨水。　[3]竹箭浪：指大雨落到地面溅起的"箭浪"。唐宋诗人形容大雨常称"银竹"，如唐李白《宿虾湖》诗："白雨映寒山，森森似银竹。"北宋陈与义《秋雨》诗："病夫强起开户立，万个银竹惊森罗。"

　　【品析】 这首诗是五题第一首。农历二月是春耕正式开始的时节。节气歌曰："立春天气暖，雨水粪送完。惊蛰快耙地，春分犁不闲。清明多栽树，谷雨要种田。"说的都是春耕。春分一般在农历二月中旬，这时春雨连绵，滋润着土地，为春耕做好了准备。诗人来到郊外，看到雨意正浓，满心欢喜。眼前的雨真大啊，杏花在雨中开得更艳，寓示着春耕正当其时。宋祁《怀故里偶成》也有"杏花耕"的意象："先畴少失杏花耕，十载穷尘困缚缨。"

　　雨水是农耕的必要条件。古人冬盼瑞雪，春祈丰雨，都是一份农耕之情。所以杜甫写了《春夜喜雨》："随风潜入夜,润物细无声。"宋祁也有一首《喜雨》诗："泼火正投寒食日，催耕并及杏花时。……把酒命宾聊一笑，吾农喜罢及吾私。"诗人观赏春景的同时，要有关注民生的诗意提升，这才能让其诗歌达到"载道"的层次。宋祁是创作观农诗较多的诗人。他还有《出野观农二首》之一："杏蕊菖芽正及春，风烟万顷缥陂匀。果然庄腹三餐饱，恓恓深耕不顾人。"又有《怀三封墅》："三封何所怀，怀我东南亩。方春原田秀，是时簦（dēng）笠聚。杏花灿晴落，菖叶甲阴浦。"都是菖蒲与杏花做伴，暗示春耕的开始。

田家四时

[宋] 梅尧臣

　　昨夜春雷作，荷锄理南陂。杏花将及候[1]，农事不可迟。蚕女亦自念，牧童仍我随。田中逢老父[2]，荷杖独熙熙[3]。

　　【注释】[1] 候：物候。古人把五天称为"一候"，不同的植物生长各有其候。　[2] 老父：又称父老,对老年男性的尊称。　[3] 荷(hè)杖：担着耘田的竹杖。熙熙：温和快乐的样子。

　　【品析】《田家四时》组诗共四首，分别写了四季的农事，这一首写的是春季农事。用杏花表示农时的到来，是一种温馨的民俗提示。杏花在富人与美人眼中，不过是风流之物，但在农家心头，则是一个不会误时的信号。杏花的这种功能认定其实非常亲切，因为杏花开在村边地头，是让人眼睛一亮、心头一热的报春花。在所谓"二十四番花信风"中，能够形成"杏花耕"这种民俗符号的花并不多见。

　　《田家四时》夏时诗中有"清风生稻花"、秋季诗中有"朝饭露葵熟"、冬时诗中有"负暄话余年"，这些温暖的田家生活场景与"杏花耕"一道构成了最美的民间风俗画。

梅尧臣不仅喜欢歌咏杏花，对"杏花耕"也非常看重，他有多首诗言及此俗。如《发昭亭》："泱泱漫田流，青青被垅麦。欲霁鸠乱鸣，将耕杏先白。"又如《送韩玉汝太傅知洋州三首》之二："蚕浴桑芽短，禽啼杏萼丹。从来称召杜，民俗在君安。"诗中"召杜"指汉代召信臣与杜诗二人，他们都是好官。看来他之所以关注四时农事，实是为了"君安"，这是他作为人臣应尽的职责，同时也树立了他"悯民"的高大形象。

田　家

[宋] 欧阳修

绿桑高下映平川，赛罢田神笑语喧[1]。林外鸣鸠春雨歇，屋头初日杏花繁。

【注释】 [1] 田神：农神。唐王维《凉州郊外游望》诗："婆娑依里社，箫鼓赛田神。"宋梅尧臣《野田行》："茅旌送山鬼，瓦鼓迎田神。"

屋头初日杏花繁（槐下摄）

【品析】 这首诗描写了春日农家赛田神的场面。村子里的桑树高低错落，远远望去，一片翠绿。乡民们刚举行了"赛田神"的活动，笑语喧哗，好不热闹。雨过天晴，树林外的斑鸠声声鸣叫。太阳刚刚升上来，照在屋子旁边的杏树上，繁花一树！

杏花时节赛田神，这是农耕生活的生动写照。诗人之所以看罢赛神看杏花，是因为杏花的繁盛象征着一年春耕的到来。这首诗中"屋头初日杏花繁"一句写出了杏花繁盛的生机，具有极其明朗的画面效果，同时还抒发了乡土生活的温暖情怀。

春日田园杂兴

[宋]君瑞[1]

白粉墙头红杏花，竹枪篱下种丝瓜[2]。厨烟乍熟抽心菜，篝火新干卷叶茶[3]。草地雨长应易垦，秧田水足不须车[4]。白头翁姬闲无事[5]，对坐花阴到日斜。

【注释】 [1]君瑞：宋代桐江（今属浙江）人，生卒年不详。这首诗引自宋末吴渭编《月泉吟社诗》。 [2]竹枪：今农家所谓"竹扦"，用细竹竿做成的扦，一头削尖插在地里，为蔓藤类蔬菜牵藤用。 [3]篝火：指小火。 [4]车：这里是动词，用水车打水。现今江南农村仍称"车水"。 [5]翁姬（yù）：老翁老妇的并称，多指老年夫妇。

【品析】 诗中出现了白墙、竹篱、丝瓜、炊烟、灶火、抽心菜、卷叶茶、草地、秧田、水车、老头、老太、花架等常见的农村事象，表达了农耕之余的民间饮食情况和闲暇生活趣味，读起来如在目下，根本不像是一千年前的诗。

杏花诗歌中也出现过"粉墙"一词："粉墙斜露杏花梢"（南宋张良臣诗），但没有说明那堵墙是"白墙"。此处点明墙是白色的，红白相衬，效果不言而喻。诗的首句就咏到"白墙红杏"，让人感到，一走进村庄，最先映入眼帘，能摄人心魄的就是"白墙红杏"，让人体会到浓浓的春意扑面而来。

郫县春日吟[1]

[宋] 吴泳[2]

不寒不暖杏花天,争看蚕丛古寺边[3]。旧日尚留耕雨具,新年难得买花钱。

【注释】 [1] 郫(pí)县:今四川省成都市郫都区。 [2] 吴泳:生卒年均不详,字叔永,潼川(今四川三台)人。南宋官员。有《鹤林集》。 [3] 蚕丛:蚕丛氏,古代神话里的蚕神,是蜀国首位称王的人,据说他是位养蚕专家。李白《蜀道难》:"蚕丛及鱼凫,开国何茫然。"这里指蚕丛寺,又称蚕丛祠。宋汪元量有诗《蚕丛祠》。

【品析】 诗人游的是蚕丛古寺,所以特将农事与花事相对比:杏花开放时候天气真好,不寒不暖最宜人。蚕丛寺边有杏花,大家都争着前去赏花,游人如织。以前这里有耕具与雨具出售,今天来到这里,还是留点钱买几枝杏花吧。

蚕丛寺里有农具出售,游人至此都要购买,但诗人今日雅兴大发,留钱用来买杏花。这首诗选择了一个独特的意象:蚕丛寺,让人产生"有意味的"联想。蚕丛是农耕之祖,既然来了,就不能不有所表示。可是杏花太诱人,不妨开一回小差,也不致误了大事,谁让他这么好的天气来看杏花呢。

春日田园杂兴

[宋] 梁相[1]

麦畴连草色[2],蔬径带芜痕[3]。布谷叫残雨,杏花开半村。吾生老农圃,世事付儿孙。但遇芳菲景,高歌酒满尊。

【注释】 [1] 梁相:生平不详,字必大,杭州(今属浙江)人,宋末诗人。[2] 麦畴:麦田。 [3] 芜痕:地上长满野草。

【品析】 同题诗原有两首,另一首是七律。春日的田园,雨水与阳光都很充足,野草超过庄稼是非常形象的画面。这首诗让人眼睛一亮的不是这茂盛的野草,而是"开半村"的杏花!有些诗人说杏花开满园、满城、满村,都不过是夸饰之词，这里说"开半村"，才是实情。一个村庄里应该有多种植物与花木，哪有满村只种一种杏树之理，即使是名副其实的"杏花村"，也只是说杏花相对多些而已。但是，哪怕只有半村，也够让人惊叹的了。可以说，读诗到此，读者大都会驻留想象一番，那半村的红杏花是何等的惊艳！

这个杏花村里有农耕，杏花正是农耕季节的象征，同时，杏花也是乡里老者侑酒寻乐的见证。作者的另一首《春日田园杂兴》说："谁知农圃无穷乐，自与莺花有旧期。"所谓"莺花"，指的就是杏花、桃花等。春耕诗中的布谷鸟、黄莺鸟与杏花意象常常成对出现，如高质斋《田园偶兴》中就有"布谷声传红杏雨"的诗句。

记正月二十五日西湖之游

[元] 方回

一犁酥润万牛耕[1]，饭碗人间系死生。公子楼头赏春雨，杏花树上听新莺。

【注释】 [1] 酥润：土地经雨变得滋润。

【品析】 诗人将农家耕作与富人求美相比照，强调农耕的重要性，批评有闲者的不劳而获。小诗就像使用了电影镜头中的"蒙太奇"手法，只需要将两个画面剪接到一起，无须多言，意义自出。将不同的画面进行连接与对比是古代诗人的常用手法。比如柳宗元《江雪》就只用了山景（千山鸟飞绝）和水景（独钓寒江雪）两个镜头，读者便读懂了他的意思。这种手法也被诗人用到"悯农诗"中。如《水浒传》"智取生辰纲"中白胜上场时唱道："赤日炎炎似火烧，野田禾稻半枯焦。农夫心内如汤煮，公子王孙把扇摇。"与方回的这首诗有异曲同工之妙。

这首诗的第二句虽然直白无余味，却道出了一个千古不破之理——"饭碗人间系死生"，近千年之后的今天，仍然是经典谚语。

（三）折花

折花是一个古老的习俗，象征人们转移、携带、储存春色的美好愿望。先是折梅，北魏陆凯《赠范晔诗》说："折花逢驿使，寄与陇头人。江南无所有，聊赠一枝春。"其时，折花相赠已成为思念友人的常规动作。

唐代有一种"插花"风俗，又称簪花。春天是士女簪花的主要时节，目的当然是为了"自拟"与"爱美"，表现了借花抒怀、以花比德的社会风尚。崔道融《春题二首》之一："青春未得意，见花却如雠。路逢白面郎，醉插花满头。"插的是桃李花（之二："满眼桃李花，愁人如不见。"）王毂（yán）《贫女》："难把菱花照素颜，试临春水插花看。"以水为镜，就是爱美。也有其他季节折花的，如王昌龄的《越女》诗："摘取芙蓉花，莫摘芙蓉叶。将归问夫婿，颜色何如妾。"

经过唐代诗人的渲染，"簪花"主要着意于"杏园簪花"与"九日簪花"两种风雅。杏园插花是取得功名的象征。插花（簪花），首先要"观花"，然后再"折花"。孟郊《再下第》："两度长安陌，空将泪见花。"《登科后》："春风得意马蹄疾，一日看尽长安花。"他下第时、登科后看的都是杏花。郑谷《曲江红杏》："女郎折得殷勤看，道是春风及第花。"刘禹锡《伤秦姝行》："长安二月花满城，插花女儿弹银筝。"这个女子也是杏花插满头。晚唐张泌《酒泉子》

[明]文徵明《红杏湖石图》（故宫博物院藏）

词："杏园风。……插花走马落残。""九日簪花"指重阳节折菊插头，杜牧有诗《九日齐山登高》："菊花须插满头归。"

杏　花

[北朝·周] 庾信[1]

春色方盈野，枝枝绽翠英[2]。依稀映村坞[3]，烂熳开山城。好折待宾客，金盘衬红琼[4]。

【注释】　[1] 庾信（513—581）：字子山，小字兰成，南阳新野（今属河南）人，南北朝时期由南入北的著名诗人。初在南朝为官，作宫体诗，和徐陵合称"徐庾体"。后奉命出使西魏，被留居北方任职，不得南归，羞愧怨愤，诗风转为劲健苍凉。有《庾开府集》。　[2] 翠英：指绿叶和红花。　[3] 映：一作"暎"。村坞：村庄。　[4] 红琼：红色，红玉，指红杏花。唐鲍溶《怀尹真人》："羽人杏花发，倚树红琼颜。"

【品析】　这是文学史上第一首杏花题名诗，也是最早的折杏花诗。这首诗的主题还处于杏文化的草创时期，此时杏文化的诸多象征细节都还没有发生。但即便如此，此诗已经为后世的杏花诗词埋下了五个重要的主题线索：一是杏花报春，二是"杏花稀"（依稀），三是"杏花娇"（烂漫），四是折花主题，五是"杏花红"。

这首诗写于作者被困在北方的春天。但杏花似乎没有被赋予沉重的象征寓意，她只是春天的一道柔光，照亮了诗人郁闷的心境。此外，若仔细品味，似乎还能发现一层寄托"折花待宾客"，那"宾客"是什么人呢？是南方来的使者或者朋友吗？

《庾开府集笺注》卷五《杏花》诗前有一首《梅花》诗："当年腊月半，已觉梅花阑。不信今春晚，俱来雪里看。树动悬冰落，枝高出手寒。早知觅不见，真悔著衣单。""枝高出手寒"说的就是折梅花。

据明代曾益撰《温飞卿诗集笺注》卷九，在《春日雨》第一句下有一条注释："何逊《杏花诗》：'丽色明珠箔，余香袭绛纱。'"何逊与庾信同为齐梁间人。但今未查到何逊的《杏花诗》。何逊以《咏早梅诗》而著称。

杏　园

[唐]杜牧

夜来微雨洗芳尘，公子骅骝步贴匀[1]。莫怪杏园憔悴去，满城多少插花人。

【注释】[1] 骅骝：周穆王八骏之一，泛指骏马。贴：顺从。匀：整齐。步贴匀，指马的脚步顺从整齐。

【品析】 这是一首游览杏园的诗，主要表现了杏园游客的两种情绪：一种是成功者的得意，一种是失败者的失意。同一片花下，两种意绪，两种命运。同来观花人相似，观花心情各不同。

杜牧是个"杏花使者"，他不仅有多首诗言及杏花，更重要的是他还是"杏花村"的创意者。除了折杏花，

杏花苞（槐下摄）

他还有"斗草怜香蕙，簪花间雪梅""有恨簪花懒，无聊斗草稀"等诗句。

杜牧还是"九日簪花"的高手。九日插花是重阳节俗之一，意在驱除秽气。如王维《九月九日忆山东兄弟》的"遥知兄弟登高处，遍插茱萸少一人"、殷尧藩《九日》的"酣歌欲尽登高兴，强把黄花插满头"等，杜牧《九日齐山登高》也有名诗句："尘世难逢开口笑，菊花须插满头归。"

村西杏花

[唐]司空图

肌细分红脉，香浓破紫苞。无因留得玩，争忍折来抛[1]。

【注释】 [1] 争忍：怎忍。

【品析】 司空图好几首杏花诗都提到了折花，说明人们爱之不足故折之，而折花是不能久留的，因此诗人面对美好，心情非常矛盾。《村西杏花》有二首，另一首是："薄腻力偏赢，看看怆别时。东风狂不惜，西子病难医。"写的是杏花的美好与弱质，让人不胜怜惜。司空图《力疾山下吴村看杏花十九首》有多处提到折杏花。如之四："折来未尽不须休，年少争来莫与留。更愿狂风知我意，一时吹向海西头。"之八："单床薄被又羁栖，待到花开亦甚迷。若道折多还有罪，只应莺啭是金鸡。"

《二十四诗品》第九"绮丽"："浓尽必枯，淡者屡深。雾余水畔，红杏在林。"借林中杏花淡淡的红色来诠释"绮丽"的风格，与"肌细分红脉，香浓破紫苞"有美学上的相通之处。

谒金门

[五代] 冯延巳[1]

风乍起，吹皱一池春水。闲引鸳鸯芳径里，手挼红杏蕊[2]。　斗鸭阑干独倚[3]，碧玉搔头斜坠。终日望君君不至，举头闻鹊喜。

【注释】 [1] 冯延巳（903—960）：字正中，广陵（今江苏扬州）人。五代十国时南唐著名词人、大臣。有词集《阳春集》。　[2] 挼：揉搓。　[3] 斗鸭阑干：饰有斗鸭图案的栏杆。

【品析】 这首词最为人称道的一句是"风乍起，吹皱一池春水"，其中"吹皱"一词非常形象，体现了作者观察的仔细与想象力的丰富。关于水的波纹，宋代还有与杏花有关的奇特想象："杏花零落水痕肥。"（张炎《浪淘沙》）

至于杏文化，需要关注的则是"手挼红杏蕊"一句，"挼杏花"是折花的一种特例，给人以生动的画面感。一个美丽的女子，漫步花园小径，一边逗弄着"戏水"的鸳鸯，鸳鸯象征女子独居的寂寞与春心的渴望；一边随手采下枝头杏花，将花蕊放在手心里揉搓——这是极具生活气息同时是杏花诗中不多见的细节描写,和李清照的词"和羞走,却把青梅嗅"有异曲同工之妙。花在手中,揉搓成团;手代心声,是对自身不受人重视、缺乏爱怜的失望与"自戕"。她"恨"在心里,力透手背,就这样将无辜的杏花"毁灭给人看"(鲁迅语)。

当然,词人笔下的"春恨"是短暂的,"终日望君君不至,举头闻鹊喜",既然"鹊喜"了,情郎不久就会到来,由此形象地写出了女子目睹杏花,在惆怅中怀远,又在怀远中自我安慰的情愫。

欧阳修《渔家傲》下片也用了"挼新蕊":"筵上佳人牵翠袂,纤纤玉手挼新蕊。美酒一杯花影腻。邀客醉,红琼共作熏熏媚。""红琼"既指红颜,也指花色,但不能确定是否杏花。黄庭坚《饮李氏园三首》之三:"手挼红杏醉繁香,回首春前梦一场。"宋代扬无咎《于中好》词云:"墙头艳杏花初试,绕珍丛、细挼红蕊。"扬无咎有《四梅花图》与《柳梢青·梅花十首》书法传世,推梅贬杏,所以称"艳杏"。

唐宋诗词中写到杏花的花瓣,视觉上有破坏、飘落、飞舞、落红、红径、花泥等形态,行为上有折花、簪花、卖花、观花等做法,将花蕊置于手心揉搓以表达不满、引起注意的写法,实不多见,这首词是"挼花"的先例。

杏 花

[宋] 林逋[1]

蓓蕾枝梢血点干,粉红腮颊露春寒。不禁烟雨轻欺著[2],只好亭台爱惜看。偎柳傍桃斜欲坠,等莺期蝶猛成团。京师巷陌新晴后,卖得风流更一般[3]。

【注释】 [1] 林逋(967—1028):字君复,后人称为"和靖先生",钱塘(今浙江杭州)人,北宋著名隐逸诗人。林逋隐居西湖孤山,终生不仕不娶,喜植梅养鹤,人称"梅妻鹤子"。 [2] 轻欺:轻视和欺侮。有版本作"轻欹"。 [3] 更一般:有的版本作"更一端"。

【品析】 这首诗将杏花的各种形态竞相铺陈,结尾一句,意味深长:等京城天空放晴的时候,大街小巷里杏花一定会卖成"白热"之势。

这首诗正面描写了杏花的色香形态,颇费笔墨,反复渲染,都是为了最后一联。再美的花朵，再风流的品质，过了佳期都会很一般。既然杏花可卖，说明折花在宋初已成风俗。其实唐代杏花诗中就已出现折杏、簪杏的习俗，但像本诗中所说的全城卖花、万人空巷之势却是令人惊讶的。

末句作"更一端"，表示折枝杏花别有风味；作"更一般"，表示雨过新晴，杏花凋落，风采不再，二者均可。笔者以为"更一般"更符合杏花审美的规律性。

惜 杏

[宋]文同[1]

北园山杏皆高株，新枝放花如点酥[2]。早来其间有啼鸟，儿女尽识名提壶[3]。急教取酒对之饮，满头乱插红模糊。可怜后日再来此，定见随风如锦铺。

[明]唐寅《观杏图》（上海博物馆藏）

【注释】 [1]文同（1018—1079）：字与可，号笑笑居士，人称"石室先生"。梓州永泰（今四川盐亭东）人。宋代画家、诗人。宋元丰初年，文同赴湖州就任，世人称"文湖州"。他与苏轼是表兄弟。有《丹渊集》。 [2]点酥：点抹凝酥。酥，本是松脆柔软的食品，这里指红酥的色彩。陆游有词："红酥手，黄縢酒。" [3]提壶：一种鸟，又称鹈鹕。这里是双关，暗示提壶取酒来饮。

【品析】 这是一首七言古诗，写出"惜杏"的数种举动。一曰"对饮"。

把杏花看成知己，才有此风雅之意。二曰"插花"。酒酣之际，折花插满头，"满头乱插红模糊"是怎样的一种视觉美餐啊！唐代杜牧是个喜欢"花插满头"的诗人。他的《九日齐山登高》诗插的是菊花："菊花须插满头归"；他笔下也有插杏花的："莫怪杏园憔悴去，满城多少插花人"（《杏园》）。三曰"回访"。因为心有所系，所以后日还要再来回访，那时风吹花落，一地锦毡。首两句描摹的杏花也很有趣，北园中的杏树都很高大，因为有点远，看不清花瓣的细节，只看到新开的杏花就像点点红酥，比喻新奇。

临安春雨初霁

[宋]陆游

世味年来薄似纱，谁令骑马客京华？小楼一夜听春雨，深巷明朝卖杏花。矮纸斜行闲作草，晴窗细乳戏分茶[1]。素衣莫起风尘叹[2]，犹及清明可到家。

【注释】 [1]细乳：茶中的精品。这里指茶水中白色的小泡沫。分茶：宋元时煎茶之法。这里指品茶。 [2]素衣：比喻清白的操守。西晋陆机有诗："京洛多风尘，素衣化为缁。"

【品析】 这是陆游的一首名篇。其中"小楼一夜听春雨，深巷明朝卖杏花"是一联名句，写出"杏花春雨江南"的意境，同时也表达了自己愁绪满怀、心头一亮的明快心境。

这首诗明确告诉我们，宋代的临安城，百姓喜爱杏花，有折花叫卖的习俗。卖花须先折（摘）花，其实，宋代诗人都喜欢折杏花，这样的诗有很多。如北宋邵雍《瀍河上观杏花回》："更把杏花头上插，图人知道看花来。"头上所插杏花必是折来的，而且为了让人知道，还特意插在头上。王安石《次韵杏花三首》之三："看时高艳先惊眼，折处幽香易满怀。"王安石《病中睡起折杏花数枝二首》之一："已闻邻杏好，故挽一枝春。"他折的是邻居家的"过墙杏花"。所称"挽"，是折得花枝后用手抱回家去。华岳《新市杂咏》十首之三："恰把青荷插髻鸦，嗔人偷眠过窗纱。一盘珠翠俱抛掷，却向枝头摘杏花。"他是在市场看人摘杏花。

《翠微南征录》华岳此组诗题下有小序曰："建安人物风流，市井华丽，红纱翠盖，常无异于花朝灯夕，长篇短句，形容一时之盛。"

对于如何选择杏花，诗人也给出了参考意见：要买就买花朵繁多的枝丫。如宋代王洋《观瑞香杏花二首》之二："曲水岸边寻旧事，卖花担上拣繁枝。"若无杏花可买，也令人春愁无解。又如南宋何应龙《题临安僦楼》："杏花深巷无人卖，细雨空帘尽日垂。"方回专有《买花》诗："客中无玩好，日喜买花看。……担惊红杏过，案惜玉梅残。"能够买到的花既有杏花，也有梅花。"担惊红杏过"一联写得非常形象，书案上的那枝梅花已经残损，现在看到花担上的红杏也要很快凋落了。

湖　上

[宋]释行海[1]

数点红春在杏梢，舞衣歌管醉兰桡[2]。水边折得新花朵，蝴蝶相随过彩桥。

【注释】　[1]释行海（1224—？）：号雪岑，剡（今浙江嵊州）人。宋代诗僧，有诗三千余首，今存三百余首。有《雪岑和尚续集》。　[2]兰桡（ráo）：小舟的美称。

【品析】　树梢上几朵红杏花，展现出浓浓的春意。歌女们在湖中小船上悠然地歌舞弹唱。一个女子从水边折来几枝杏花，可谁知道，当她往回走时，蝴蝶闻香也飞过彩桥来，一路追随着她。

杏花是春天的象征，也是美人的暗喻。折花相惜是自惜，蝴蝶追花也追她。这个和尚竟然观察得如此仔细。尾联中包含着一种禅意：花被折去，生命犹在；蝴蝶追香，美人堪比。

这里是杏花随人走，蝴蝶追香随。诗人的笔下，也有蜂蝶追花走，人随蜂蝶游。如陆游《春感》："邻园杏花忽烂熳，推枕强起随游蜂。""水边折得"的杏花即临水杏花，自有一段风流。

荆棘中杏花[1]（节选）

[宋] 谢枋得[2]

墙东荒溪抱村斜，荆棘狼藉盘根芽。何年丹杏此留种，小红溅溅争春华[3]。野人惯见谩不省，独有诗客来咨嗟。天真不到铅粉笔，富艳自是宫闱花。曲池芳径非宿昔，苍苔浊酒同天涯。京师惜花如惜玉，晓担卖彻东西家。杏花看红不看白，十日忙杀游春车。谁家园里有此树，郑重已着重帏遮。

【注释】[1]这首诗见于金代元好问《元遗山集》卷三。近来有学者认为《叠山集》误收元好问诗。此处节选。 [2]谢枋得（1226—1289）：字君直，号叠山，信州弋阳（今属江西）人，南宋进士，宋末曾率义军抗元，被俘不屈，绝食而死。有《叠山集》。 [3]溅溅（jiǎn）：聚集在一起。

【品析】 这首诗以"荆棘中杏花"为主题，着意描绘了京师折卖杏花的盛况。京城里人们爱惜杏花就像爱美玉一般。天刚亮时，卖杏花的担子东奔西走，不一会儿花枝就卖光了。诗人强调欣赏杏花，主要看红杏，因为那是花儿开得正好的状态，泛白的杏花大多是即将凋谢的花，不好看。杏花保持红色的花期大约只有十天，那几天游春的车子真是拥挤不堪。若是哪家自己的花园中有杏花，那段时间，因为怕人攀折，都郑重其事地用层层帷幕先把它遮住了，以免外人来偷折。

若从谢枋得的视角来看，诗中"京师"应指南宋的都城临安。临安人喜爱杏花，折花、卖花、赏花、插花成风，如史达祖《夜行船·正

《宋本广韵》"杏"书影

月十八日闻卖杏花有感》："过收灯、有些寒在。小雨空帘，无人深巷，已早杏花先卖。"戴复古《都中冬日》："一冬天气如春暖，昨日街头卖杏花。"说的都是京城"卖杏花"之事。相比陆游、戴复古的卖杏花诗，谢枋得的这几句诗把京城里爱花卖花的气氛渲染得更加浓烈。

杏　花

[明]沈周[1]

半抱春寒薄染烟[2]，一梢斜路曲墙边[3]。东家小女贪妆裹[4]，听买新花破晓眠。

【注释】[1]沈周（1427—1509）：字启南，号石田，长洲（今江苏苏州）人，明朝画家，吴门画派的创始人。不应科举，专事诗文、书画，与文徵明、唐寅、仇英并称"明四家"。著有《石田集》。　[2]薄染：形容烟气微薄。　[3]曲墙：墙的转角处。　[4]东家小女："东邻之女"，是美人的代称。妆裹：装饰、打扮。

【品析】这首诗点到女子折花、簪花的习俗。杏花是早春花，爱美的女孩总喜欢先折为急、先戴为快。可是，那枝杏花刚从墙头一露脸，就成为美人的补妆。东邻女儿爱打扮，天才麻麻亮，她一听到窗外的卖花声，就不肯再睡了。

沈周是著名画家，他对杏花是非常留意的，今存好几幅《杏花图》。他有一幅《杏花图》上有自题诗："老眼于今已敛华，风流全与少年差。看书一向模糊去，岂有心情及杏花。"这首诗中的"曲墙"，指墙的转角之处，表示不为人知的僻静之所。王安石有诗"墙角数枝梅，凌寒独自开"，看来墙角不仅有梅花，也有杏花。南宋杨冠卿《绝句》："忽忆前时小院归，杏花墙角两三枝。夜香烧断黄昏月，缥缈邻家玉笛吹。"因为墙角之处阳光很少照到，杏花未必开得好。晚唐郑谷《长安感兴》："寂寞墙匡里，春阴挫杏花。"此诗说杏花开得不好，是因为被墙所遮蔽。即使开得再好，也会被春阴所摧折，所以杏树才要长高，爬上或越过墙头，展现生机。这原本是植物学的一个规律，植物为了充分生长，都具有趋光性。红杏出墙，正是因为墙阻挡了杏树对阳光的占有权，才促使其植株猛长，出墙才能享受阳光。

诗人见此情景，将其拟人化，才引出许多美学公案来。辛弃疾《唐河传》："觉来村巷夕阳斜，几家，短墙红杏花。"因为墙不高，所以杏花更易出墙来。严仁《鹧鸪天》："高杏酣酣出短墙，垂杨袅袅蘸池塘。"再高的墙，杏花也能攀缘而上，所谓"酣酣"，真有味也。

四、宗教

杏文化的宗教内涵起源甚早。作为上古的"改火"之木，杏木是中土传统民间神性的重要载体之一。后来汉末董奉种植"杏林"的传说，将杏文化的宗教意涵放大并模式化，使之成为中国杏文化中的一个重要板块。从杏林到神仙、医药等象征意义的延伸，这种观念深入社会的各个阶层。在此，我们通过解析历代的一些诗文，可窥杏文化宗教内涵之一斑。

改火杏[1]

[汉] 郑玄等《周礼注疏》[2]

春取榆柳之火，夏取枣杏之火，季夏取桑柘之火[3]，秋取柞楢之火[4]，冬取槐檀之火。

【注释】[1] 题目为编者所加。 [2] 这段文字出自郑玄注《周礼·夏官·司爟》"司爟掌行火之政令"时，引《鄹（zōu）子》的说法。郑玄（127—200）：字康成，北海高密（今属山东）人，东汉末年儒家学者、经学大师。 [3] 季夏：指夏季的最末一个月，即农历六月，与中医术语"长夏"同，因之一年成为"五季"。 [4] 柞（zuò）楢（yóu）：两种树木。柞，又称栎，落叶乔木，木质坚硬，耐腐蚀，叶子可用来饲养柞蚕，木材可用来造船和做枕木等。楢，古书上说的一种树，木材坚韧，可做车轮，也用来取火。

【品析】 改火是古代社会的一项"国策"。因为火的神秘特性及取火、保存火种的方法比较困难，于是形成四季改火之策。这段引文为"五季"提供了十种常见的改火之木，主要目的是方便生火。

选择哪一个树种作为改火之木并非随意进行的，其中浓缩了上古时代的"巫术""社树""五行"等思想，还要考虑树木的生长期、木质硬度、取材方便、易燃程度等因素。这些树木一旦成为法定的改火之木，便被赋予神性特征。改火既然对应着季节，那么季节变换也可用"改火"代称。如苏轼《临江仙·送钱穆父》："一别都门三改火，天涯踏尽红尘。"

枣杏成为夏季的取火之木，在生物学上，主要是为了避开它们开花结果的时期。杏树春季开花、初夏结果。而枣子一般在农历八月成熟，如《诗经·豳风·七月》："八月剥枣。"杏树作为夏季取火之木不太容易理解。生火的木材必须脱水干燥，所以一般使用陈年积木，不可能取当季的生鲜木材，因此，取火之木对应着生长期正旺的树种，但有可能使用的是隔年的干枯木材。

改火之木还对应着五行学说的五方、五星、五色、五兽等概念。夏季对应南方、火星、赤色、朱雀。而杏子熟了微红（红杏、丹杏、赤杏），枣子熟了也呈红色。

可以说，这是杏树神秘身份的文化首发。此后，杏树的祯祥之性、玄秘之功随之确立，杏树终成仙物，杏花自然成为神仙福地的幸运花。

董　奉（节选）

[晋] 葛洪[1]

董奉者，字君异，侯官县人也[2]。昔吴先主时，有年少作本县长，见君异年三十余，不知有道也……。君异后还庐山下居……。又君异居山间，为人治病，不取钱物，使人重病愈者，使栽杏五株，轻者一株，如此数年，计得十万余株，郁然成林。而山中百虫群兽，游戏杏下，竟不生草，有如耘治也[3]，于是杏子大熟，君异于杏林下作箪仓[4]。语时人曰："欲买杏者，不须来报，径自取之。得将谷一器置仓中[5]，即自往取一器杏"云。每有一谷少而取杏多者，即有三四头虎噬逐之，此人怖惧而走，杏即倾覆，虎乃还去。到家量杏，一如谷少。

又有人空往偷杏，虎逐之到其家，乃啮之至死。家人知是偷杏，遂送杏还，叩头谢过，死者即活。自是已后，买杏者皆于林中自平量之^[6]，不敢有欺者。君异以其所得粮谷赈救贫穷，供给行旅，岁消三千斛，尚余甚多。

【注释】 [1] 选自晋葛洪《神仙传》。葛洪（约281—341）：东晋道教理论家、医学家。字稚川，号抱朴子，丹阳句容（今属江苏）人。著有《抱朴子》。 [2] 侯官：地名，福建旧县名，即今福州市鼓楼区一带。董奉虽然为福州人，但他种杏的传说发生在江西庐山，又说在安徽凤阳县境内。 [3] 耘治：耕耘锄草。此处借用"鸟耕象耘"的典故。 [4] 箪（dān）仓：竹子或芦苇编成的粮仓。 [5] 得将谷：得了杏子，就用谷物来交换。器：盛谷物的量器，这里用作量词。 [6] 平量：用杏子与谷物进行等量的兑换。

【品析】 此段文字出自东晋葛洪《神仙传》卷十。董奉是三国时期吴国的一个异人，一个得道长生之士，有道家的辟谷等本领。他还是一位良医，与张仲景、华佗一起被称为"建安三神医"。他不是一般的、只求展示自己神异功能的道士，而是与人为善、关心民生疾苦的楷模。这个杏林故事就反映了他的智慧和善良。

我们可以从三个角度来理解董奉的神奇创意。第一，他医术高明，但不取报酬，只让人以栽杏为报。求医者栽下的杏树林成为"功德林"。第二，他用杏子换取谷物，以赈灾济贫，展现了他取材于民、用之于民的公德用意。第三，他用"杏谷自行兑换"检验人心贪廉，令贪者自我矫正。体现了医者不仅可以医体疾、更重要的是治人心的理念，即人道、医道与天道的契合。人心有虎，现如今反腐的"打虎"之说与之相类。不过这里的老虎是公正的裁判。

董奉为什么要选择让人种杏树以偿医费？应该有几种可能。一是杏树树苗易得，容易成活，所以数年之间可以栽下杏树十多万棵。二是杏树成材时间短，结实丰硕，可以换取更多的粮食。三是杏树的神仙品格，杏实、杏仁的药用功能，都与道家的玄术相关。人们之所以愿意用谷物换杏子，不是因为杏果好吃，而是当成一味良药。杏子大熟就相当于药材丰收，百姓还能以此治病去疾，病者可愈。

南北朝庾信《道士步虚词》之五："移梨付苑吏，种杏乞山人。自此逢何世，从今复几春。海无三尺水，山成数寸尘。"这是较早使用杏林典故入诗的例证。

陳仲仁杏林鸂鷘圖

元陳仲仁江右人官陽城
主簿善山水人物其寫生
花鳥詐黃筌後生云後
兩兩條書史彷彿此帖看
色方邪用草澤季不失宋
人遠言壬戌共重裝完因
並識歲月
狄平子

[元] 陈仲仁《杏林鸂鶒图》，见于北京宝瑞盈 2016 年春季艺术品拍卖会

又如南朝陈的张正见《神仙篇》："紫盖山中乘白鹤，浔阳杏花终难朽。""浔阳杏花"就是指庐山杏林。

庐山杏林遗址有多处，如杏林草堂、董奉馆、杏坛庵、伏虎庵等。元代书画家赵孟頫生了重病，名医严子成给他治好病，他画了一幅《杏林图》赠送给严子成，成为佳话。明代名医郭东模仿董奉，在山下也种杏千余株。杏林后来成为名医、良医、神医、中医、医学界的美好代称，民间还产生了"杏林春暖""誉满杏林""杏林高手"等相关熟语，还可常见如《杏林妙法》《杏林人物》《杏林精萃》等中医书籍。

金庸《天龙八部》中有一首词《苏幕遮》："向来痴，从此醉。水榭听香，指点群豪戏。剧饮千杯男儿事。杏子林中，商略平生义。"所谓"杏子林中"即杏林，这里指的是武林，可理解为从神仙界引申到武侠界。

送宋征君让官还山 [1]

[唐] 钱起 [2]

至人无滞迹 [3]，谒帝复思玄 [4]。魏阙辞花绶 [5]，春山有杏田。紫霞开别酒，黄鹤舞离弦。今夜思君梦，遥遥入洞天。

【注释】[1] 征君：征士之谓。宋征君因此而入仕途。让官，辞官。 [2] 钱起（约720—约782）：字仲文，吴兴（今浙江湖州）人。书法家怀素和尚的叔叔，"大历十才子"之冠。曾任考功郎中，世称"钱考功"。有名诗《湘灵鼓瑟》，有《钱考功集》。 [3] 此句言，你仕途一直都很顺利。 [4] 此句言，向为高官而心怀隐退。 [5] 魏阙：指宫门上巍然高出的观楼，其下常悬挂法令，后用作朝廷的代称。花绶：系官印的丝带，上有花纹。

【品析】 诗人的朋友宋征君辞官隐居，诗人"紫霞开别酒，黄鹤舞离弦"，并赋诗相赠。这个宋征君本来仕途很顺利，已经做到不小的官。但他胸怀高志，决定退隐山林。他归去的地方在哪里呢？春山有杏田！杏田指董奉种杏后成仙的典故，是隐居者向往的最高境界。

钱起送给道士、隐者的诗中多次出现"杏田"意象，这与他心怀隐逸之志有关。如《罢章陵令山居过中峰道者二首》之二："杏田溪一曲，霞境峰几转。"《酬长孙绎蓝溪寄杏》："爱君蓝水上，种杏近成田。拂径清阴合，临流彩实悬。"诗中的"彩实"指的是成熟的杏子。《过瑞龙观道士》："不知谁氏子，炼魄家洞天。鹤待成丹日，人寻种杏田。灵山含道气，物性皆自然。"他有的诗中"杏坛"指的也是"杏田"。又如《幽居春暮书怀》："仙箓满床闲不厌，阴符在箧老羞看。更怜童子宜春服，花里寻师指杏坛。"

送道士归山，送友人修道，是唐代诗人常修的功课，因为总有人不断地归去。如皇甫冉《送张道士归茅山谒李尊师》："无穷杏树行时种，几许芝田向月耕。"茅山在今江苏句容，是道教名山。诗人张籍也有一首《送友人归山》，与钱起的这首诗志趣相类："出山成北首，重去结茅庐。移石修废井，扫龛盛旧书。开田留杏树，分洞与僧居。长在幽峰里，樵人见亦疏。"

上清词

[唐] 张继[1]

紫阳宫女捧丹砂[2]，王母令过汉帝家[3]。春风不肯停仙驭[4]，却向蓬莱看杏花[5]。

【注释】[1] 张继：字懿孙，襄州（今湖北襄阳）人。约唐代天宝十二年（753）进士。有名篇《枫桥夜泊》。 [2] 紫阳宫：道教道观。诗的题目《上清词》也是献给道家的祭祀词。上清词，又称青词。丹砂：又称朱砂、辰砂、赤丹，是硫化汞的天然化合物。这里指道士炼成的金丹，据说吃了可长生不老，其实是有毒的。[3] 据《汉武帝内传》记载，汉武帝因崇尚神仙，曾受到西王母的接见。 [4] 仙驭：仙人乘坐的车子。"驭"同"御"。[5] 蓬莱：海上仙山，仙山上有"蓬莱杏"。这里泛指神仙居住的地方。

【品析】 这是一首道家的祭祀词，作者没有把它写得多么严肃神秘，反而比较生动活泼。杏花意象的神仙寓意，来源于东晋葛洪《神仙传》记载的杏林传说，有时也称"仙坛""杏丹""杏坛""杏花坛",有别于孔子授徒的杏坛。

唐代的杏花诗中,有不少诗都咏到这个主题,这些诗大多出自中晚唐诗人之手。如李端《云阳观寄袁稠》:"花洞晚阴阴,仙坛隔杏林。"权德舆《戏赠张炼师》:"月帔飘飘摘杏花,相邀洞口劝流霞。"刘禹锡《马嵬行》:"平生服杏丹,颜色真如故。"鲍溶《怀尹真人》:"羽人杏花发,倚树红琼颜。"曹唐《小游仙诗九十八》之四十七:"昨夜相邀宴杏坛,等闲乘醉走青鸾。"曹唐《王远宴麻姑蔡经宅》:"好风吹树杏花香,花下真人道姓王。"李郢《紫极宫上元斋次呈诸道流》:"风拂乱灯山磬晓,露沾仙杏石坛春。"建业卜者《题紫微观》:"昨日朝天过紫微,醮坛风冷杏花稀。"

寻 仙

[唐] 张籍

溪头一径入青崖[1],处处仙居隔杏花。更见峰西幽客说[2],云中犹有两三家。

【注释】 [1]一径:沿一条路一直往前走。青崖:青山。 [2]幽客:隐士。唐李德裕《钓台》诗:"飞泉信可挹,幽客未归来。"

【品析】 这首诗展现了一个世外仙境,营造氛围的是溪水、青山、杏花、幽客、白云等意象,其中最显生机的无疑是杏花。从山外的溪口往山里走,走到深山尽头,只见青崖壁立,与世隔绝。一路上,每一处房舍边都开满了成片的红杏花。可西山上的隐者神秘地告诉我:还有两三家住在高耸入云的峰顶上,云山雾罩之处,你们是看不见他们的!

诗中安排了四重递进的宜隐境界。第一重境界是山口,即溪头,这里是告别红尘、进入深山的入口。第二重是"任是深山更深处",这里已入仙境,杏花成片,是一般仙人的居所,大多数求仙问道者到此即已满足。还有第三重,西峰上的隐士已超越杏花之境,上升到山顶。更有高不可及的第四重境界,即"云中之家",那才是真正的仙家,因为他们已入云端,与世无争,与天同在。如韦应物《寄黄尊师》:"结茅种杏在云端,扫雪焚香宿石坛。"这种境界与杜牧诗"白云生处有人家"、陆游诗"柳暗花明又一村"有异曲同工之妙。

在诗人"寻仙"之旅的最后，他发现，深山隐者即仙客，居住之处一层一层与世阻隔，但最让人眼前一亮的无非是仙境中的杏花。这也是对杏花意象之"杏林"义项的借用。

同　醉[1]

［唐］元稹

柏树台中推事人[2]，杏花坛上炼形真[3]。心源一种闲如水，同醉樱桃林下春。

【注释】 [1]此诗原有副标题"吕子元、庾及之、杜归和同隐客泛韦氏池"。[2]柏树台：又称柏台，应是指代西汉"柏梁台"，因入诗平仄所限而改的异称，即皇家宫殿。柏梁台：西汉长安建章宫北的高台，因传说汉武帝与群臣登台联诗而出名。松、柏、槐等意象均有指代朝中高官的寓意。这里用"柏树台"与"杏花坛"构成对仗。推事人：指朝中主事者，即政治人物。　[3]杏花坛：此处不是孔子讲学的"杏坛"，而是道家炼丹成仙之杏林。唐代类书《太平御览》引任昉《述异记》："杏园洲在南海中，多杏。海上人云，仙人种杏处。"

【品析】 这首诗写出诗人远离政治、追求闲适的心情。上一联用柏梁台的入世与杏花坛的出世作对比，意思是说，虽然我是朝中高官，但我的心是追求方外之趣的。下一联写出自己闲适愉悦、与世无争的旷达情怀。淡然悠闲，不必去计较得失，只要心能静下来，比什么都好，可以在樱桃树下赏春同醉。

这首七绝，以三个植物意象来表达情思。柏树象征高官厚禄，杏花代表修道成仙。樱桃有两层含义，第一层是指春天。南宋陈造就是这样理解的，其诗《春寒六首》之二："杏花已尾樱桃拆，正要深红间淡红。"但还有第二层意义，那就是受到"皇恩"的庇护，同乐同醉则是佳境。樱桃作为一种佳果，其实是"荐庙之物"，是帝王眼中的美味。梁简文帝《朱樱诗》："已丽金钗瓜，仍美玉盘橘。宁异梅似丸，不羡萍如月。"皇帝常以此果赐功臣，所以也有指代朝臣的象征义。白居易《有木诗八首》之二说："低软易攀玩，佳人屡回顾。色求桃李饶，心向松筠妒。好是映墙花，本非当轩树。所以姓萧人，曾为伐樱赋。"表面上看，他在极力贬损樱桃，其实是在表达对一些朝中权贵的不满，末句化用了盛唐诗人萧颖士写《伐樱桃赋》以批判奸臣李林甫的典故。

入庐山感兴

[宋] 董嗣杲[1]

古翠深中拥紫烟，幽行先酌石溪泉。未能耕野安愚分，且乐游山趁壮年。五色在前难障碍，连镳来此可留连[2]。杏花林里闲风月，况有宗人演地仙[3]。

【注释】 [1] 董嗣杲（gǎo）：字明德，号静传，杭州（今属浙江）人。宋亡，入山为道士，改名思学，字无益。有《庐山集》。 [2] 连镳（biāo）：骑马同行。镳，嚼子两端露出嘴外的部分。 [3] 宗人：指三国时吴国的董奉，与诗人同姓，所以称其为宗人。

【品析】 这首诗表达了诗人隐居庐山的期望，诗中所用意象均与游仙有关。董奉曾在庐山隐居，为人治病，令人种杏五株作为报酬，形成规模很大的"杏林"。而这个诗人也姓董，更重要的是，他也喜欢求仙问道，所以期望到庐山来修炼。

作者不仅对神仙念念不忘，还有别的诗也写到杏林的典故，并始终以董奉后人自居。如《杏花》："太极林中碎锦堆，花仙曾识探花回。"又有《冷翠阁与秋岩同赋》："几番闲借樵人屐，何许追寻隐者门。多种杏花依此住，要知董奉得仍孙。"

送果上人游五台

[宋] 林景熙[1]

万里参师最上关[2]，五台高处雪花寒。出门有碍邻吾老[3]，独枕残书梦杏坛。

【注释】 [1] 林景熙（1242—1310）：字德阳，号霁山，温州平阳（今属浙江）人。南宋遗民诗人。有《霁山集》。 [2] 参师：拜师问道。 [3] 出门有碍：用典，双关。即登山遇阻，也指没有出路。语出唐代孟郊《赠别崔纯亮》诗："出门即有碍，谁谓天地宽。有碍非遐方，长安大道傍。小人智虑险，平地生太行。"

【品析】　本诗大意是：果上人这次不远万里，要到五台山去拜见高师。五台山可不是一般的山，而是高处不胜寒的地方。作为老邻居，我知道你的处境不太好，常常有梦回杏坛的理想。

果上人是一个僧人，五台山是佛教名山，他既然要上山参师，那他一定有求学悟道的志向。不过这首诗是否还有更深的政治寓意，从表面上看难以判断。从作者的遗民诗人背景来推测，不妨作如是观。五台山在山西，宋亡之后，已成元朝统治核心区。这个果上人的"杏坛梦"既有道家的杏林意味，更有梦回儒道、怀念故朝的情思。诗人歌颂了果上人不畏艰难、寻求理想的高尚品质。

将道家杏林与儒家杏坛的寓意糅合在一起，是古代诗人常有的做法。如南宋钱闻诗《杏坛》诗："真人升去寂无音，徒指空坛说杏林。讲道虽非夫子惠，此心还是爱人心。"诗中说"真人升去"，肯定是个道士。"夫子讲道"当然是孔子。这诗说的是，真人成仙了，杏林变成一个空坛，他虽然不像孔子那样讲解儒道，但仙人与孔圣人爱人之心都是一样的。杏林与杏坛的意义对接起来了，而其中的核心意象就是"杏树"。

金城山

[宋] 李思聪[1]

杏花洞天路崎岖，曾见千年石斛奴[2]。试问金城山里事[3]，只言仙境似蓬壶[4]。

【注释】　[1] 李思聪：宋代道士，号洞渊大师，赣县（今属江西）人，曾住赣州祥符宫，有《洞渊集》。　[2] 石斛奴：指仙人，这里也暗指董奉，有版本作"百斛"。石斛，既指董奉的量器，又指一种药草，又名仙斛兰韵、不死草、还魂草，传说中的仙草，"千年石斛"是功效特别的仙草。　[3] 金城山：在四川省岳池县附近，自唐以后，成为道教天下"七十二福地"之一，自古就有"金城天下奇"之说。　　[4] 蓬壶：蓬莱，海上三座仙山之一。

【品析】　这首诗表面上写的是金城山所见，诗人真正想说的却是杏仙。杏花洞是个好地方，但道路崎岖，要想登上去是很困难的。这里的杏林曾经见证过一千年前董奉用杏果兑换千斛粮食的往事。于是诗人想问问这位道长，金城山里的杏林到底有没有这样的奇闻。道长告诉他：你还是不要问了，不管是哪座山，庐山也好，金城山也罢，只要是仙境，都与蓬莱山是相通的。

因为董奉种杏这个传说的影响，杏与仙产生了文化融合，杏树、杏花、杏果都是这个杏仙文化的符号，有时称仙为"杏仙"，有时称杏为"仙杏"。这是中国传统植物文化的一种象征，也是唐宋诗人的普遍观念。如杜甫《大觉高僧兰若》："香炉峰色隐晴湖，种杏仙家近白榆。"古乐府诗有"天上何所有，历历种白榆"，所以杜诗说杏仙近白榆，香炉峰就在庐山。又如晚唐韦庄《贵公子》："大道青楼御苑东，玉栏仙杏压枝红。"南宋孙应时《与宋厥父昆弟唐升伯偕游庐山》："识取庐山真面目，会来栽杏作仙翁。"陈元晋《罗浮山》："不信却无人种杏，知从何处觅神仙。"

[清] 朱梦庐《杏林春满图》

种杏仙方[1]

[明] 龚廷贤[2]

仙方几卷迈青囊[3]，万园从今杏吐香。一粒有功回造化，百年无病到膏肓。每将金匮藏真诀，直把灵台扩化光[4]，虽积阴功满天下，愿期圣主寿无疆。

【注释】[1] 此为《种杏仙方》卷一的卷首诗。《种杏仙方》，四卷，明万历九年（1581）金陵周庭槐刻本，一册，医单方著作。龚廷贤作序云："余窃自信，乃取家大人所传方书而续其余，成《医鉴》一帙，锲之以便世用。第方多荜味，而窭人僻地或购之难，诚杏林遗春也。"后被编入《故宫珍本丛刊·中医》。

[2] 龚廷贤（1522—1619）:字子才，号云林山人、悟真子，江西金溪人，古代医家。万历二十一年(1593),治愈鲁王张妃鼓胀之疾,被赞为"天下医之魁首",并赠以"医林状元"匾额。　[3] 青囊：指药学著作。陈寿《三国志》曾记载，华佗倾毕生之力所作之书为《青囊书》。　[4] 这一句是说,能让人起死回生。化光:德化光大。

【品析】 书名取"种杏"二字，乃借典于董奉庐山种杏之传说。该书"万历九年（辛巳岁）孟秋""刻《种杏仙方》引"说："方名'种杏'，志效也。"主要着意于书中提供的单方药用效果。此后,汉语表达中便形成"杏林""杏轩""杏雨轩""杏苑""杏春"等代称医学界的专有名词。

《种杏仙方》书末也有一首诗："海上仙传秘，人间杏作林。谁知方药简，何畏病根深。守药经三世，回生抵万金。但存斯卷在，不用召医临。"

五、绘画

杏花意象在唐代被诗人大加发扬之后，晚唐五代的杏花绘画随之登场。从现存记录来看，最早的《杏花图》作者徐熙为五代末年人，他笔下的杏花非常写实，与唐诗中的杏花审美具有很强的呼应关系。而后，杏花由着色衍出水墨。然而，由于宋后杏花在文人笔下堕入"俗格"，致使杏花入画的频率远不如梅花、荷花、菊花等，甚至也不比桃花。幸运的是，宋元明清仍然有一些偏爱杏花的画家，为我们展示了不同时代杏花的审美趣味。

明清时期，随着杏花图画的增多，相应的杏花题画诗也多了起来。据丁小兵统计，明朝咏杏的题画诗至少有五十余首，清代咏杏的题画诗至少有三十余首，都大大超过前朝。

徐熙杏花[1]
[宋] 苏轼

江左风流王谢家[2]，尽携书画到天涯[3]。却因梅雨丹青暗[4]，洗出徐熙落墨花[5]。

【注释】 [1]徐熙：五代南唐画家，钟陵（今江苏南京，一说今江西南昌）人。生于唐僖宗光启年间，归宋不久病故。一生未官，人称"江南布衣"。性情豪爽，善画花竹、林木、草虫。 [2]江左风流：魏晋风度。江左，即江东，指长江下游的长三角江南地区。王谢家：六朝时的王家与谢家，都是当时的豪门士族。唐刘禹锡《乌衣巷》："旧时王谢堂前燕，飞入寻常百姓家。"这里指收藏徐熙画的王进叔。 [3]天涯：指海南。当时苏轼被贬海南岛。 [4]丹青：画画的颜料，这里指色彩。 [5]洗：意指出落、超出，如杜甫《丹青引》："一洗万古凡马空。"

【品析】 这是一首题画诗，原题为《王进叔所藏画跋尾五首》，除了这一首《徐熙杏花》，另有《赵昌四季》"芍药""踯躅""寒菊""山茶"四首。诗中说，当年江左风流的王家后人，将天下著名书画作品带到天涯海角来了。有趣的是，徐熙画的这幅《杏花图》因为长年被江南梅雨的潮气所侵蚀，现在看上去，当时画面上着色的杏花都已褪色，成为墨色花朵了。

彩色杏花因受到潮湿天气的影响，竟然蜕变成墨杏花了。当然，这最后一句还可作进一步理解。《苏轼诗集》卷四十四注者引《事实类苑》："国初布衣江南徐熙……。熙以墨笔画之，略施丹粉，别有生动之意。"这幅《杏花图》看来也是这个画法，时间一长，尤其是经过多年梅雨天气之后，丹粉脱落，只剩下墨迹了。这个"洗"当然不是用水来洗，而是被潮湿的空气"洗脱"了色彩。苏轼诗歌的妙处在于，针对这种客观现象，他给予了美学上的补偿，让人觉得"落墨"的杏

[清]恽寿平《杏花春雨图》(抚北宋徐熙法），见于北京保利 2014 年第 28 期精品拍卖会

花也别有风味，当然这句诗也不乏对南方天气破坏名画的惋惜之情。

宋代有不少关于徐熙画作的题画诗，徐熙很喜欢画杏花。苏轼就有多首诗提到他，如《红梅三首》之三："乞与徐熙画新样，竹间璀璨出斜枝。"这幅画中的"斜枝"是梅花。又如王安石《徐熙花》："徐熙丹青盖江左，杏枝偃蹇花婀娜。"他看到的是一幅着色《杏花图》。宋高宗《徐熙设色花鸟》："可是瑞莲花叶大，载他书册泛涟漪。"这幅《莲花图》也是彩色的。范成大也有一首《题徐熙杏花》："老枝当岁寒，芳蕚（huā，同花）春澹泞。雾绡轻欲无，娇红恐飞去。"他看到的画，其时杏花"娇红"的色彩还没有遭到破坏。元好问《杏花落后分韵得归字》提到"写生正有徐熙在"，看来他也看过徐熙的《杏花图》。

据《宣和画谱》记载，徐熙曾经画过《折枝红杏图》《杏花海棠图》《折枝繁杏图》《桃杏花图》《牡丹杏花图》《芍药杏花图》《金杏图》等杏花主题的画作，但可惜这些图画大都无存。此处提供一幅清代恽寿平模仿徐熙画法的《杏花春雨图》，图中自称"抚北宋徐熙法"，抚，即临摹。这幅画构图奇特，几根长短不一的花枝平行从右上角斜着穿越画面，花枝参差，有一种风中摇曳之态，花朵大多正面展开，笔法细腻，色彩丰富，花形逼真。既然是临摹，看来这幅画与北宋徐熙的《杏花图》相去不远。

赵昌杏花图[1]

[宋] 滕岑[2]

君家两杏闹春色[3]，浓淡胭脂染不齐。试唤赵昌来貌取[4]，若边好著白鹇栖[5]。

【注释】[1] 题目为编者所加。原题《杏花》。赵昌，字昌之，广汉（今属四川）人。性傲易，擅画花果，多作折枝花，兼工草虫。相传常于晓露未干时，细心观察花卉，对花调色摹写，自号"写生赵昌"。宋真宗大中祥符（1008—1016）间，名重于时。《宣和画谱》《宋中兴馆阁储藏图画记》著录其作品甚多。 [2] 滕岑（1137—1224）：字元秀，号龙岭老樵，桐庐（今属浙江）人，南宋诗人。 [3] 两杏：

[宋] 赵昌《杏花图》(台北故宫博物院藏)

红杏花与白杏花。韩愈《杏花》："杏花两株能白红。" [4] 貌取：描画其形象。
[5] 苏轼有《杏花白鹇》诗。

　　【品析】 本诗大意是：朋友家中有两株杏花，花色有浓有淡，有红有白，好
像红的偏多，调色难以均匀。他建议，干脆还是请赵昌来给你帮个忙吧，不过旁
边最好放一只白鹇，作为设色的参照。诗中提到赵昌，是推崇赵昌画杏设色的手
法高妙，可见赵昌的杏花画法影响很大。

北宋时期，杏花主题受到诗人词客的广泛关注，与之相应，其时的绘画作品对杏花也有涉猎。五代徐熙爱画杏花，王安石、苏轼、范成大、元好问都见过他画的《杏花图》，并题诗赏析。南宋范成大有两首题赵昌画的诗。如《题赵昌木瓜花》："秋风魏瓠实，春雨燕脂花。彩笔不可写，滴露匀朝霞。"《题赵昌四季花图·海棠梨花》："醉红睡未熟，泪玉春带雨。阿环不可招，空寄凭肩语。"他所见的木瓜、海棠都有鲜艳的色彩："燕脂""醉红"。宋代诗人中，苏轼、陆游、杨万里、赵师秀等都爱在赵昌画上题诗，苏轼说："赵昌花传神。"

据《宣和画谱》所载，赵昌画过《杏花图》《李实绯杏图》《梅杏图》等杏花题材的画作。留存至今的《杏花图》可能就是当时宣和画院收藏的作品。

今存赵昌《杏花图》，团扇绢本设色。此图中，杏花只有一枝，后分两枝，再分十数小枝，小枝枝头均有花朵与花蕾。红萼白花，布图均匀，疏密得当，画面和谐。这幅"写生图"生动地表达了"繁杏"的花色特征。梅花以疏见美，杏花以繁得趣，这是唐宋诗文的梅杏审美观。赵昌的这幅小图也让我们见识了当时人们对"繁杏粗肥"的认定。赵昌《杏花图》可能是今存最早的杏花画作。据传比赵昌更早的五代后蜀黄居寀画有《杏花鹦鹉图》，其实那幅图所画不是杏花，而是梨花。

杏花鹦鹉图

[宋] 赵佶

【品析】 赵佶即宋徽宗，他成立宫廷画院，喜创作与收藏花鸟画。《宣和画谱》记录他收藏的花鸟画有 2000 多幅。从题词与题诗来看，这幅画的主体是那只"异禽"鹦鹉，杏花只是配角。皇帝对这种来自南方的鸟儿非常喜爱，养玩之不足，故画之。然而，千年之后，这幅得以保存的稀世之作，让人觉得更加养眼的却是那两枝颜色不败的杏花。

宋人常说，北人不识梅，浑作杏花看。这幅画中的花枝是梅是杏？画上题词曰："五色鹦鹉来自岭表，养之禁御。驯服可爱，飞鸣自适，往来于苑囿间。方中春，

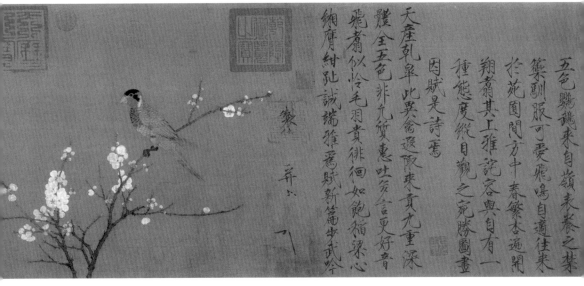

[宋]赵佶《杏花鹦鹉图》（美国波士顿美术馆藏）

繁杏遍开，翔翥其上。雅诧容与，自有一种态度。纵目观之，宛胜图画。"由此可知，画中花枝是杏花无疑。这两枝杏花规模虽小，但"繁杏"的特点还是比较明显的。每一枝都有一个"重心"，重心之处花朵密致，往外渐次稀疏，就像是银河系里两个相邻的"球状星团"。

徽宗对花鸟画非常喜爱，那是因为他对花鸟非常敏感，他的帝王之身包裹的是一颗脆弱优游之心。杏花是早春娇艳之花，令人易生春愁。他有词《北行见杏花》。今存还有他的一幅《杏苑春声图》，水墨纸本手卷，其实是赵佶《写生珍禽图》第一段的截图，上海龙美术馆西岸馆藏。画中一只鸟儿有些惊恐地立于杏梢弱枝上。他还有一幅大型画作《杏花村酒旗渔市图》传世。

[南宋] 马远《倚云仙杏图》（台北故宫博物院藏）

倚云仙杏图

[宋] 马远[1]

迎风呈巧媚，浥露逞红妍。

【注释】 [1] 马远（1140—1225）：字遥父，号钦山，钱塘（今浙江杭州）人。擅画山水、人物、花鸟。喜作边角小景，世称"马一角"。与李唐、刘松年、夏圭并称"南宋四家"。

【品析】 这是马远的绘画小品之一，也是"马一角"的构图方式。杏枝由左下角虬曲而上，再上下斜分两枝，上枝细短，下枝粗长，自然舒展。枝干虽细，但用墨浓重，花呈白色带微红，符合同时代诗人杨万里诗中杏花"白白红红"的色泽。花朵较密，有"繁杏"之姿。多花朵，少花苞，有主花，有仆花，有未开花，数量比例恰当。花白蕾红，相当写实。

左下角题"臣马远画"。右上题诗"迎风呈巧媚，浥露逞红妍"，据说为宋宁

[元]钱选《八花图卷》(局部"杏花")(故宫博物院藏)

宗皇后杨妹子手书,书法娟秀。这联诗道出了宋代杏花审美的共性:巧媚、红妍,凡俗之态跃然纸上。

元代陈旅有一首《题马远画》诗:"屋角东风吹柳丝,杏花开到最高枝。春来陌上多尘土,此老醉眠都不知。"似非本品。

题钱舜举画杏花[1]

[元]柯九思[2]

一枝繁杏逞妖娆,曾斗东风杨柳腰。金水河边三十里[3],落红如雨玉骢骄。

【注释】[1]钱舜举:钱选(约1239—约1300),字舜举,号玉潭,湖州(今属浙江)人。宋末元初著名画家,与赵孟頫等合称为"吴兴八俊"。钱选《八花图卷》,纸本设色,故宫博物院藏。该图画海棠、梨花、杏花、桂花、水仙等八种花卉。
[2]柯九思(1290—1343):字敬仲,号丹丘生,台州仙居(今属浙江)人。柯九

思博学，素有诗、书、画三绝之称。他的绘画以"神似"著称，擅画竹，并受赵孟頫影响。　[3] 金水河：俗称筒子河或护城河，分为内金水河和外金水河。流经故宫内太和门前的是内金水河，流经天安门前的为外金水河。元代诗人王冕《金水河春兴二首》之一有诗句"春风袅袅穿杨柳，小雨冥冥度杏花"。

【品析】 这幅《杏花图》是宋元时代仅存的少量杏花图之一，十分珍贵。与赵昌、马远的杏花图对比来看，此画色彩更加鲜艳逼真。折枝杏花的枝条布局生动朴实，中间一根新生竖枝为斜枝所作的补正令重心稳实，花朵与花蕾的比例非常写实。此画历来受人称道的原因还有：枝条折断处的"带皮"形象极为生动，同时也反映了作者内心深沉的挫折与痛感。

有的人将此图误认为"桃花"。但从花苞、花形、花色、枝条与不带叶开放等几个特征来判断，此花应是杏花。画尾有赵孟頫的题跋："右吴兴钱舜举所画八花真迹……"但没有明确每种花名。而钱舜举确实画过折枝桃花，赵孟頫就有诗《题舜举折枝桃》："醉里春归寻不得，眼明忽见折枝花。向来飞盖西园夜，万烛高烧照烂霞。"元代诗人张翥也有《满江红·钱舜举桃花折枝》，所咏折桃花并非这里的折枝杏花。柯九思所题的《杏花图》应为此图，前两句写花，后两句引申。柯九思自己也是一名著名画家，他对杏花情有独钟，曾将虞集"杏花春雨江南"的词句画成画挂在家里欣赏。

杏竹春禽图

[明] 边景昭 [1]

【注释】 [1] 边景昭：生卒年不详，字文进，沙县（今属福建）人，明代宫廷花鸟画家。永乐年间任武英殿待诏，后为翰林待诏，常陪宣宗朱瞻基作画。为人旷达洒脱，且博学能诗。继承南宋"院体"工笔重彩的传统，作品工整清丽，笔法细谨，赋色浓艳，高雅富贵。

【品析】 这幅图中有十多只不同种类的鸟儿，姿态不一，活泼生动。右上部是一株老干杏花，杏花繁密，工笔细腻。花枝与鸟的相对位置布局巧妙，有远近、

［明］边景昭《杏竹春禽图》（上海博物馆藏）

大小之分，不落俗套。画中翠竹与杏花相伴出现，突出青与红的色彩对比和直与曲的形态差异。而鸟类则以杂色特别是黑色分布其间，画面因之生气多多。

杏园雅集图[1]

[明] 谢环[2]

【注释】 [1]谢环的《杏园雅集图》作于明正统二年（1437）。当时参加杏园集会的共有九人，画家为之作画，人手一份，当有九本。今存两种版本。一为绢本设色，镇江市博物馆藏，称"镇江本"。另一种藏于纽约大都会艺术博物馆，原为美国翁万戈先生收藏，又称"大都会本"。此处选录的是"镇江本"左侧截图，画面的左后方有一树盛开的杏花。 [2]谢环：字廷循，永嘉（今浙江温州）人。善画山水，明初洪武时已有盛名，成祖永乐中召入宫廷画院，宣德时特加重奖，官锦衣卫千户。有《梦吟堂集》。

【品析】 这是一幅四米的长卷写实图。集会地点是明初"台阁体"诗人杨荣的"杏园"，参加者都是当时馆阁同僚。集会结束后，不仅有图记载此事，另有诗集。

[明] 谢环《杏园雅集图》（"镇江本"局部）

据明代黄佐《翰林记》载："正统二年三月，馆阁诸人过杨荣所居杏园燕集，赋诗成卷，杨士奇序之。且绘为图，题曰《杏林雅集》。"

这样大型的写实画作，是对某一真实场景的瞬时捕获，具有"以画记史"的功效。因为画家亲自参与了盛会，所以画中每个人的面貌、衣着、神态都倾向于写实。画作反映的是一群官员工作之余优游雅致的生活图景，是对转瞬即逝的富贵荣华的艺术定格。

这幅画之所以选择以"杏园"为题，有两个原因。一是杨荣家实有一个相当规模的花园，当春之际，杏花盛开，宴饮其间，乃信手拈来。二是取唐代杏园"功名富贵花"的象征寓意。这些参与者都是举业上的成功者，都得益于浩荡的皇恩。全卷中，园中植物茂盛，以苍松古木为主体。画面最左侧有一棵杏树，老干曲枝，是德高望重的象征；杏花繁多，则喻恩荫厚实。

题《杏花图》[1]

[明]沈周

老眼于今已敛华[2]，风流全与少年差，看书一向模糊去，岂有心情及杏花。

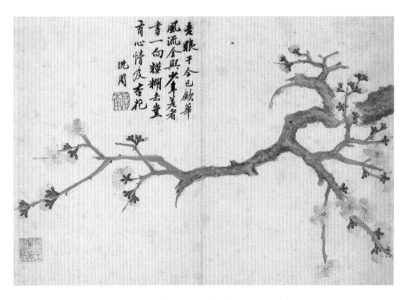

[明]沈周《杏花图》(故宫博物院藏)

【注释】 [1] 选自沈周《卧游图册》第三开，创作于公元 1506 年。图册为纸本水墨，淡设色，共十七开。 [2] 敛华：看不清，眼睛退光。

【品析】 这幅《杏花图》，老枝新花，左疏右繁，花枝张扬。杏花的特点已非宋画的"繁花"，而显得疏淡得多。淡红的花朵有如唐人所谓的"红轻"，薄如蝉翼，通脱透明，花蕊清晰可见，令人怜惜。题诗与画面相呼应，确实有"模糊"朦胧之态，更有"老眼"中豪华落尽的清淡之味。

沈周是明代画坛的一代宗师，作品个性鲜明，影响巨大。今存杏花题材的画作，常见的就有四幅。另一幅《杏花图》，与此图画风极相类，只将横枝挪为立枝，枝干更加老粗，花虽色相雷同，但气格非凡。上有自题诗与乾隆"御笔诗"，为"成化丁亥二月十六日往庆云庵观杏花"而作。

他还有一幅《杏花图轴》，北京故宫博物院藏，是为祝贺刘布考中进士而作。刘布考中时在弘治十五年（1502），其时沈周已七十五岁了。画上瘦杏一株，枝干扭布，花似祥云。有题词："布甥简静好学，为完庵先生曾孙，人以科甲期之，壬戌科，果登第。尝有桂枝贺其秋闱，兹复写杏一本以寄，俾知完庵遗泽所致也。"题诗曰："与尔近居亲亦近，今年喜尔掇科名。杏花旧是完庵种，又见春风属后生。"完庵即刘珏，字廷美，曾任刑部主事，著名诗人。

沈周还有一幅《杏花鹦鹉图》，水墨风格，与前三画不同。鹦鹉居中立枝上，杏花侧身为伴，老干细枝，简花成簇。与第一幅《杏花图》中多正面见花不同，这幅图以侧视花瓣为主，淡墨点点，化俗为雅。

沈周的四幅杏花图，都有向梅花借法的倾向，不论着色与否，枝干都用老拙、虬扭为笔法，花朵均以疏淡、点缀为布局，且都以折枝杏花作特写，文人画味道浓。

杏花孔雀图

[明] 吕纪 [1]

【注释】 [1] 吕纪：字廷振，号乐愚，鄞县（今浙江宁波）人。以画被召入宫，值仁智殿，授锦衣卫指挥使。以花鸟著称于世。

【品析】　这幅杏花图有几个鲜明的特点。一是枝干布局独特，从右上角斜行插入两枝杏花，呈对角线布局，布满画面上部，为下部的孔雀留白。二是有多层次，大致可分近、中和远三层，似有透视眼光。近处两枝杏花身后的右侧是杏树的老干，被前方杏枝挡住处用的是虚写，未被挡处是实写；在老干与近处之间，光线暗弱，有杏花数枝。三是杏花呈现既繁且疏的形态，有梅花笔法。花朵重叠，各缀枝头。枝间还有两对黄莺对鸣，用的是"三对一"的位置安排，设定的是隔枝叫唤，整个画面气息生动。四是设色有特点，近处白亮，远处暗红，主次分明，令人好奇。

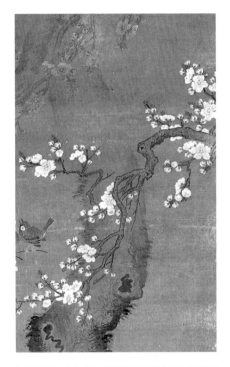

［明］吕纪《杏花孔雀图》（局部）（台北故宫博物院藏）

题《杏花仕女图》

［明］唐寅[1]

曲江三月杏花开，携手同看有俊才。今日玉人何处所，枕边应梦马蹄来。

【注释】　[1] 唐寅（1470—1524）：字伯虎，后改字子畏，号六如居士、桃花庵主等，吴县（今江苏苏州）人。明代著名画家、书法家、诗人。

【品析】　这首题画诗有两层寓意。一层说的是，曲江杏园花是"功名富贵花"，玉人所梦的"马蹄"就是"一日看尽长安花"的新科进士的骏马。另一层，据考证，唐寅当时在宁王府供职，久不得归，思念夫人沈氏，特作此画以表心迹。

画面中，女子是主体，杏花是陪衬，女子手执一枝杏花，顾影自怜，借物思人，温情暖人。杏花曲枝扭态，似如九曲回肠。见枝不见花，天气尚微寒。从题诗可以看出，女子面对春光，独自寂寞，也有"忽见陌头杨柳色，悔教夫婿觅封侯"（王昌龄《闺怨》）的两难心理。画家思念亲眷，不画自己，却画出夫人思念他的形象来。这种"反向思念"的模式有如杜甫《月夜》："今夜鄜州月，闺中只独看。遥怜小儿女，未解忆长安。"

[明]唐寅《杏花仕女图》(沈阳故宫博物院藏)

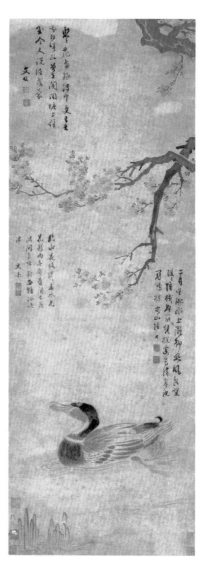

[明]陆治《红杏野凫图》(安徽博物院藏)

唐寅另有一幅《观杏图》。画有一棵高大粗壮的老杏树，非常罕见。有一位文士仰头观杏，若有所思。杏花是功名花，树老人已老，功名在何方？唐寅一生功名坎坷，沉沦下层，观杏其实是观命、观运也。画上题诗："万树江边杏，新开一夜风。满园深浅色，照映绿波中。"这是唐代王涯的诗《春游曲》。其实，那幅只见孤杏一株的画作，题写王涯"万树江边杏"的诗不太合适，而最恰当的题诗应该是北宋文同《惜杏》诗："北园山杏皆高株，新枝放花如点酥。"

他还有一幅规模宏大的山水之作《杏花山馆图》，古树峡谷之间，杏花璀璨，表达了画家心系山水的隐逸之志。《唐伯虎集》中还有诗《题杏林春燕二首》，说明他曾画过《杏林春燕图》，可惜这幅画作没有传承下来。

题陆治《红杏野凫图》[1]

［明］文彭[2]

熙熙花鸟绿波中，更有杏花相映红。曾在阊闾塘上住，至今人说陆龟蒙。

【注释】 [1]陆治（1496—1576）：字叔平，因居包山，自号包山，吴县（今江苏苏州）人。明代画家。工写生，点染花鸟竹石，往往天造。 [2]文彭（1497—1573）：字寿承，号三桥居士，长洲（今江苏苏州）人，文徵明长子。工书画诗，精篆刻。

【品析】 这是一枝临水杏花，曲枝从空中绕下，伸展于水面，复仰起。水面上有一只野鸭，似对红杏产生兴趣，侧眼仰望花枝，花与鸟隔空产生了互动。画作以设色写意笔法展示了杏花疏枝繁花的形态，花色简淡。画上有陆治、文彭、文嘉的三首题诗，后两者都是著名书画家文徵明的儿子。这里选读的是文彭的诗。

陆治另有《杏花鸳鸯双燕图》《杏花白燕图》《杏花白鸽图轴》和《杏花扇面图》。后者有"五峰山人文伯仁"（文徵明侄）题诗："新水粼粼春雨余，杏花枝拂戏游鱼。物情荡漾东风里，正是江南三月初。"

杏花锦鸡图轴

[明]周之冕[1]

【注释】 [1]周之冕(1521—?):字服卿,号少谷,常熟(今属江苏)人。擅花鸟。

【品析】 沈周、唐寅之后,杏花枝干向梅花借形。梅杏枝干,天生浑直,但经过明清文人画的推动,梅枝以扭曲为美,即龚自珍所谓"病梅"。杏花绘画中,枝干不再伸直,且以老干短枝为曲突形。这幅杏花图上,枝干扭曲,有一对锦鸡,围绕在杏树下,似与杏花同乐。画面色彩鲜艳,杏花红白兼色,花朵繁密。另外还有两株一红一白(似辛夷花)的矮秆花枝相配,画面气氛相当祥和,杏花的世俗味道很浓。此图大约是专为喜庆之事而作。周之冕另有《杏花燕子》图传世。

[明]周之冕《杏花锦鸡图轴》(苏州博物馆藏)

[明]米万钟《红杏双燕图轴》(苏州博物馆藏)

红杏双燕图轴[1]

[明] 米万钟[2]

【注释】 [1] 米万钟《红杏双燕图轴》，图右上方有米万钟题曰："崇祯庚午仲春写于勺园清寤斋。米万钟。" [2] 米万钟（1570—1628）:字仲诏，号友石等，顺天宛平（今北京）人，米芾后裔。米万钟有好石之癖，善山水、花竹，书法行、草俱佳，与董其昌齐名，称"南董北米"。

【品析】 这是一幅工笔花鸟画，画上三枝红杏，一枝扭上，一枝扭下，一枝穿于石缝间。下有几块皴石，石下隐约有几枝芍药。两只燕子在杏花枝间翻飞。杏花枝条奇长，扭折如梅，似九回肠，花朵抱枝头，疏密得当。燕子展翅，下面一只燕子倒翻见腹白，与黑色相映，动感十足。以石皴展现层次，黑色衬托花红，画面简洁轻快。这幅图画出了杏花的明快与飞动感。

题《杏花图》

[明] 项圣谟[1]

人来山馆寂，雨过杏花开。独惜春风意，年年落碧苔。

【注释】 [1] 项圣谟（1597—1658）:字逸，后字孔彰，号易庵，别号莲塘居士、烟波钓徒等,秀水（今浙江嘉兴）人。祖父为明末著名书画收藏家和画家项元汴。山水、人物、花鸟无一不精，其画笔法简洁秀逸，极富书卷气息，品格高雅，境界明净。亦精书法，善赋诗，诗多为题画诗。此处是自题自画诗。

【品析】 这也是一幅折枝杏花图，枝干布局十分稳妥、舒展、灵动，有欲上层楼的飞动感。花枝有如掌形，大胆地摊开给人看；又如舞女妩媚的身姿，正在翩翩起舞。笔法简洁，花朵清雅。墨枝、红萼、白花、粉蕊，富层次感。这枝杏花是以简为美的典范，但仍然透露出繁杏的花色特征。

他还有多幅风格相同的《梅花图》，构图、色彩颇为相似，但梅杏的枝干、花色的个性特征十分鲜明，可以一眼辨认出哪是梅，哪是杏。

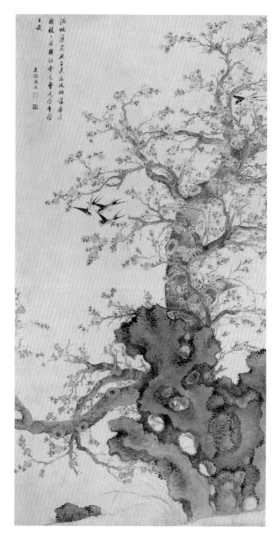

[明]项圣谟《杏花图》(上)和《梅花图》(下),见于西泠印社 2008 年春季拍卖会

[清]王武《红杏飞燕图》,见于北京保利 2014 年春季拍卖会

题《红杏飞燕图》

[清]王武[1]

满地蘼芜燕子来[2],春风骀荡杏花开[3]。枝枝染得红云色,曾是当年傍日栽[4]。

【注释】 [1] 王武（1632—1690）：字勤中，晚号忘庵，吴县（今江苏苏州）人。擅画花鸟，风格工整秀丽，为清初院画的名家，与恽寿平齐名。另有《仿陆治杏花白鸽图轴》等。 [2] 蘼芜：一种香草，即川芎的苗，叶子有香气。 [3] 骀（dài）荡：形容春天的景物使人舒畅。 [4] 化用唐代高蟾诗："日边红杏倚云栽。"

【品析】 王武这幅《红杏飞燕图》中的杏花繁复密实，有"一株杏花春满园"的视觉奇效。画中的杏树老干短枝，侧占右图，左下横拖出局，根部扎在一块黑色的奇石背后，色彩对比鲜明。画中红杏千百朵，真有"红粉团枝一万重"（范成大诗）的错觉。且花枝与主干构成前后多层次的景深。这样的画面安排十分罕见。

这幅画还可用宋祁词句"红杏枝头春意闹"来题图。枝头上点缀着四只春燕，四个黑点与下方的黑色石头相呼应，打破画面一片红的偏执。燕子的相对位置是"三对一"的对局，画中的飞燕穿花度枝，若隐若现，与杏花构成一体，这才是"春意闹枝头"的形象表达。

从宋画的折枝繁杏，到清代杏画中的一树风流，杏花的民间喜庆色彩不断升腾。近代以来，"杏花春燕"成为最喜闻乐见的绘画主题之一。

题《杏花春雨图》[1]

[清] 王翚[2]

一夜池塘春草绿，孤村风雨杏花深。

【注释】 [1] 作者有一幅《杏花春雨江南图》，另有一幅《杏花春雨图》。前者绢本，钤有"石谷""王翚之印"。 [2] 王翚（huī）（1632—1717）：字石谷，号耕烟散人等，常熟（今属江苏）人。清代著名画家，被称为"清初画圣"。与王鉴、王时敏、王原祁合称山水画家"四王"，论画主张"以元人笔墨，运宋人丘壑，而泽以唐人气韵"。

【品析】 画中这一联是《杏花春雨图》上的题诗，有人指出，此诗非画家原创，而是将元代诗人、画家倪瓒的诗句"一夜池塘春草绿，孤村风雨落花深"改一字而成。想倪瓒所谓"落花"无非就是杏花，王翚乃解人也。

[清] 王翚《杏花春雨江南图》(辽宁省博物馆藏)

这里插图选录的是《杏花春雨江南图》。这幅画的布局特点是，沿上下中线"之"字形设置道路与行道树，通向远方，山色朦胧，春雨如烟。沿路老树为柳树，柳树下红杏依依，村居隐其间。左下院子有红杏出墙来。道路两边是湖面与田野，烟波淡远，芳草萋萋。画面以近俯远，有景深，有层次，杏花村里人家，令人向往。

此画因为是远景、全景布局，只见杏树，难见杏花。杏树以老树描形，既可成掩映之态，也可证野朴之风。

杏花图

[清] 恽寿平[1]

【注释】 [1]恽寿平（1633—1690）：原名格，字寿平，后以字行，改字正叔，号南田，别号云溪外史、东园客等，江苏武进（今常州）人。明末清初著名书画家，常州画派的开山祖师，为"清六家"之一。

【品析】 这幅工笔画是清初第一幅将杏花写实到极致的作品，具有现代"照相术"的效果，学的是北宋徐熙的画法，也是后来邹一桂《杏花图》的先声，花瓣比邹一桂的更富层次感，色彩的浓淡也更具对比效果。此图艺术上的主要特点是，构图稳实，色彩艳丽，花形逼真，用笔细腻。恽寿平所开创的"没骨画法"在此图中体现明显。

图中所题诗为晚唐郑谷的五律《杏花》，末尾有作者的一句话："杏花诗作者

[清] 恽寿平《杏花图》

（上海博物馆藏）

甚多，惟此篇为警拔。"此诗虽具特色，也并非历来杏花诗之翘楚，但他取意的是第一联"不学梅欺雪，轻红照碧池"，着意写出了杏花"轻红"的一面。画家为落实这个"轻红"的色相，有意突出了杏花"红红白白"的固有特征。每一朵杏花，红在花瓣外围，白在花蕊深处，并通过黄色的花蕊映衬出红与白的对比，远看似红，近看似白，白中透红，方是"轻红"。

题柳村墨杏花[1]

[清] 曹寅[2]

勾吴春色自蓲苴[3]，多少清霜点鬓华。省识女郎全匹袖[4]，百年孤冢葬桃花[5]。

【注释】 [1]柳村：或姓陶，画家。曹寅之继子曹頫有诗《题陶柳村〈海棠图〉》。 [2]曹寅（1658—1712）：字子清，号荔轩、楝亭、雪樵等。曾任江宁织造。传为《红楼梦》作者曹雪芹的祖父。 [3]勾吴：指吴国的苏州一带。唐寅即苏州吴县人。蓲苴（lǒujū）：阑珊，衰谢。 [4]省识：认识。全匹袖：用整匹布做宽大袖子的衣裳。《后汉书·城中谣》："城中好大袖，四方全匹帛。"曹寅诗《题王翚月下杏花图》中有自注："唐诗：'女郎全匹袖，杏子一林花。'"此所谓"唐

[明]唐寅《墨杏花图》(故宫博物院藏)

诗",指唐寅的诗。此诗不见《唐伯虎全集》,清末樊增祥(樊山)有书法录此诗:"唐解元画墨杏花自题:'谷雨长洲苑,旗亭卖酒家。女郎全匹袖,杏子一林花。'" [5] 这一句诗被认为是《红楼梦》中"黛玉葬花"的出典之一,曹寅诗《题王翚月下杏花图》也有类似表达:"墙头马上纷无数,望去新红第几家。前日故巢来燕子,同时春雨葬梅花。"该诗还有一条自注:"崔白有《杏花鹅图》,俗称宫娥望幸。"崔白,字子西,濠梁(今安徽凤阳)人,北宋著名画家。明代沈周有《花下睡鹅图轴》,自题诗曰:"磊落东阳笔下姿,风流崔白未成诗。"

【品析】 这里的配图是唐寅的《墨杏花图》。前文所选大多为着色杏花,今所见最早的水墨杏花是元代管道昇的《水墨杏花图》,以线描为主,着墨不多。唐寅的这株水墨杏花的浓淡处理相当有层次感,浓墨即红,淡墨即白。这幅画的构图也颇有特色,向不同方向展示了杏花繁盛的特征。

曹寅为柳村所作题画诗有很多。如《楝亭诗别集》卷三《题画》小序曰:"赤霞、柳村杂画花果虫豸,随画随题,笔不停辍,半晌得三十三首。"曹寅所咏陶柳村的《墨杏花图》已难寻觅。曹寅这首诗的后一联是说,眼前这幅杏花图让我想起明代唐寅的同题画作,我似乎看到他图中杏花树下穿着宽

大袖子衣裳的女子，而他自己却埋葬在桃花坞里已有上百年了吧。题的是柳村的
《杏花图》，但他心中向往的却是唐寅的《杏花图》，可见他对唐寅是非常推崇的。

　　曹寅有多首诗作都咏到了杏花。如《咏花信廿四首·杏花》："迢递河桥傍酒帘，
胭脂一片湿廉纤。马蹄笑踏软尘去，愧我半生乌帽檐。"廉纤，指细雨。还有《途
次折杏花置舆中，怀广陵诸子》："莫逐飘风委路尘，残香剩好堕车茵。二年春
雨红桥岸，可少支床弄笛人。"《青杏况梅有感之作三首》之三："梅酸杏苦春来味，
北果南花势不同。"

杏花戍旗图[1]

[清] 高凤翰[2]

　　【注释】　[1] 这是高凤翰《偶然寄意册》中的一个册页，上题"杏花影里戍
旗高"。　　[2] 高凤翰（1683—1748）：字西园，号南村，山东胶州人。工书画，
草书圆劲。善山水、花卉。

　　【品析】　这幅杏花图与众不同的地方有二。一是杏花与戍旗相伴，是罕见的
搭配，暗示春天已到，突现边陲思乡之意。二是画面展示了多棵古拙的杏花树，

[清] 高凤翰《杏花戍旗图》，见于嘉德 2012 年春季拍卖会

花信浓烈，树与树的相对位置有战场列阵之势。宋元以来的杏花图画，大多是折枝与单棵，或者是远景一片，不易分辨树形。表现杏树全景的有唐寅《观杏图》，但画面之中有树无花，且孤树无双。此图中，不唯杏树成林，且花枝招展。尤其是将环境恶劣的前线地带与杏花温柔见暖的春意相融合，内涵深刻。

杏树老干，粗肥扭曲，有如非洲大草原的纺锤树，寓示年岁悠悠，天下承平日久。花色鲜艳，乃一年一度之新物也。红花与红旗相辉映，展现出边境一派和平安宁的气氛。

杏花图

[清]邹一桂[1]

【注释】 [1]邹一桂（1686—1772）：字原褒，号小山，晚号二知老人，江苏无锡人。清代官员，画家。雍正五年（1727）二甲第一名进士，授翰林院编修。擅画花卉，学恽寿平画法，风格清秀。

【品析】 这幅杏花图画十分珍贵，在本节所选的所有杏花图中，这幅图中杏花的色彩与形状最富特色，它形象地描摹出杏花娇艳和唯美的特征。这幅图的构图、笔法与恽寿平拟徐熙《杏花图》非常相似，这与他学习恽寿平"没骨画法"的创作实践有关。画作具有典型的宫廷画院风格，与文人画大异其趣。时过数百年，我们仍能被这株杏花富于生机与喜庆的色彩所震撼。

邹一桂画过《百花卷》，这幅图就是其中的一幅。据说他

[清]邹一桂《杏花图》（故宫博物院藏）

画《百花卷》时，每花赋诗一首，然后进呈皇帝御览，皇帝也每和诗一首，他便复写和诗而藏于家。乾隆皇帝非常欣赏他的《杏花图》。有人误称此图为"桃花图"，其实邹一桂有多幅《桃花图》传世，稍一比对，可立分桃杏。

题《杏花春燕图》[1]

佚名[2]

年年拾翠掠平芜，花柳无关性别殊。未问牧儿知所在，红襟偏绕杏花隅。

【注释】 [1] 李鱓（shàn）《杏花春燕图》，民间收藏。李鱓（1686—1762），字宗扬，号复堂，江苏兴化人。清代"扬州八怪"之一。李鱓工诗文书画。受石涛影响，擅花卉、竹石、松柏。中年画风始变，转入粗笔写意，对晚清花鸟画有较大影响。 [2] 这首题画诗落款"静仁栾山题"，未知是谁。

【品析】 这幅立轴画笔少白多，布局灵动。四只飞舞的春燕，呈侧三角形，作遥相呼应之势。右下角点缀的柳枝与杏花，只露一角，却可知是燕子憩息之所。一枝写意杏花从树干伸出，似红云一团。杏与燕，看似远隔，实是互动。杏花开在春天，燕子戏在花间。题诗所谓"红襟偏绕杏花隅"，是认为燕子穿着带红的"花衣"。红杏与燕子都是报春的使者。宋朱敦儒《杏花天》词："等他燕子传音耗，红杏开也未到。"

［清］李鱓《杏花春燕图》，见于北京保利2008年秋季拍卖会

画面简洁清爽，春意飞动，色彩丰富但清淡宜人。在民间，"杏林春燕"是一个吉祥的符号，蕴含高中头名的美好祝愿，有如"蟾宫折桂"之义，后世画家喜画"杏林春燕图"。

题《红杏出墙图》[1]

[清]金农[2]

青骢嘶动控芳埃[3]，墙外红枝墙内开。只有杏花真得意，三年又见状元来。

【注释】[1]金农《红杏出墙图》，水墨绢本，作于甲戌年（1754）春。
[2]金农（1687—1763）：字司农，号冬心先生，浙江仁和（今杭州）人，布衣终身。晚寓扬州，卖书画自给，为"扬州八怪"之首。书法创扁笔书体，兼有楷、隶体势，时称"漆书"。五十三岁后才工画。其画造型奇古，善用淡墨干笔作花卉小品，尤工画梅。　[3]青骢（cōng）：毛色青白相杂的骏马。

[清]金农《红杏出墙图》，见于中国嘉德四季第28期拍卖会

【品析】这是一幅水墨画。杏花本是"春风得意花"，古代科举考试三年一比，所以说三年又见状元来。画面表达的是"红杏出墙"的主题，但作者似乎想说的是，你看那些春风得意者，总喜欢越过墙来，向外招摇。由此可见出他内心的孤傲。

画中的杏花与花蕾都是写意笔法，见墨不见色，浓淡自在其中。花枝不繁不简，恰到好处。构图很有特色，以斜着的墙线延伸，然后转折、拉平，分割空间来支撑杏花花枝的展开，线条简洁寓意深刻。金农同一风格的"杏花小品"有多幅，各具情态。

题管道昇《水墨杏花图》[1]

[清] 爱新觉罗·弘历[2]

不著胭脂意自红，谁能致诃与梅同。虽无香气饶神韵，津逮依然林下风[3]。

【注释】 [1]管道昇（1262—1319）：字仲姬，吴兴（今属浙江）人，为元代艺术家赵孟頫之妻。元仁宗延祐四年（1317）受封魏国夫人。管道昇精通书画翰墨，诗词文章。笃信佛教，曾手书《金刚经》数十卷，以施名山名僧。《水墨杏花图》上有乾隆御题诗一首。 [2]即清高宗（1711—1799），乾隆皇帝。 [3]津逮：指由津渡而到达，比喻通过一定的途径而达到或得到。

【品析】 宋元明清的杏花图，大多数是着色的。用水墨画杏花，这是较早的一幅。所以乾隆诗说"不著胭脂意自红"。

这枝杏花立枝稳实，呈上下尖小、中间繁密之布局，有"繁杏"之态。花朵偏大，花蕊细致，春意浓郁；花枝交错，时有枯枝，神态动人。

世传有一幅署名史杠的《杏花春禽图》，据画中题字为元代延祐

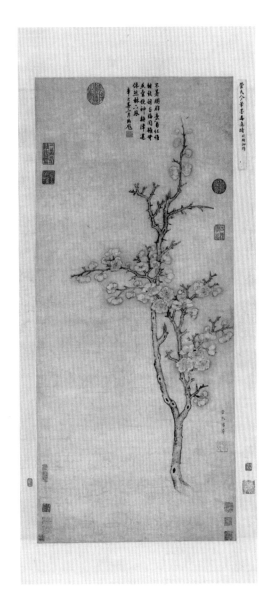

[元] 管道昇《水墨杏花图》，见于香港长风 2009 年春季拍卖会

二年（1315）之作，也是水墨杏花。但画中叶片过多，疑非杏花，且布局平实，不如此图优雅。

题吴彬《文杏双禽图》[1]

［清］爱新觉罗·弘历

一树秾华照碧江，落梅五月不同腔。彩鸳高上横枝立，为爱花皆并蒂双。

【注释】 [1] 吴彬：生卒年不详，字文中，号枝隐头陀，莆田（今属福建）人。明万历年间曾官工部主事，为明末变形主义绘画大家。山水师法自然而又夸张变形，常画仙山异境，独具一格。

【品析】 "文杏"一般特指银杏，有时也指杏树。此处指杏树。这株老杏树的粗干非常突兀，干老朽坏，枝奇短，花繁复。杏花簇拥，形似西蓝花。枝干上有一对"鸳鸯相对浴红衣"（杜牧诗）。杏花的这种"短枝簇拥法"为作者夸张变形的手法所独擅。

作者因批评权宦魏忠贤，曾于明熹宗天启年间被捕入狱，获罪去职。据说此后作画，多有一股不平之气。此画可解读为：周边环境非常恶劣，树木生长畸形，但老树自开花，枯枝闹春意。鸳鸯鸟仍能相对取暖，自得其乐。这幅画中的杏花，老枝扭成病态，痛楚碾压心头。

题《杏花图》

［清］爱新觉罗·弘历

去时寒蕊始含苞，回看新英绽树梢。万物形形还色色，不须观象注羲爻[1]。

【注释】 [1] 羲爻（xīyáo）：爻是组成卦符的基本符号，组成八卦的卦形。八卦据说是上古伏羲所创制。

【品析】 这是乾隆皇帝"辛巳（1761）春三月"所作的绘画小品。画上有自题自书七绝三首，这里所选的是第一首。一枝杏花，花色娇红，深浅相间；枝干淡墨，色彩对比鲜明。画面清雅疏朗，读之令人生爽。折枝带皮之处，也颇生动。

　　乾隆对杏花非常关注，爱写杏花诗，认为杏花是"花中金榜设开成，甲第应教属此卿"。也爱作杏花画，他对明代沈周的《杏花图》非常推崇，曾模仿创作。对本朝邹一桂的杏花绘画也很看重。故宫还藏有他画的一幅《杏花春柳图》，是采用设色"没骨法"画的弱柳红杏，也别有风味。

[明]吴彬《文杏双禽图》(台北故宫博物院藏)

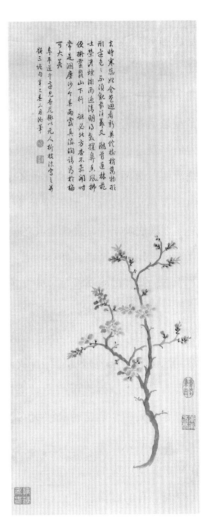

[清]爱新觉罗·弘历《杏花图》，见于保利2010年秋季拍卖会

村边杏花白图 [1]

[清]吴昌硕 [2]

【注释】 [1] 这幅画创作于 1903 年，画上题有"癸卯三月，录摩诘句"。"村边杏花白"是王维的诗句。 [2] 吴昌硕（1844—1927）：初名俊，字昌硕，号老缶等，浙江安吉人。晚清民国时期著名国画家、书法家、篆刻家。曾任杭州西泠印社首任社长，与任伯年、蒲华、虚谷合称为"清末海派四大家"。今人辑有《吴昌硕画集》，诗集有《缶庐集》。

【品析】 在历来画家的笔下，杏花的出现频率并不高，无法与梅花、荷花等几大名花比肩。明清以来，花鸟画家开辟百物为素材，杏花因为是报春花，且有多重政治、艺术与民俗的象征寓意，亦受关注。但杏花的画法仍难以摆脱"杏花为俗"观念的影响，而且多借画梅笔法而附骥。近代以来，"杏花春雨江南""杏花清明"等题材的画作渐多，名家辈出。特别值得注意的有两个，一个是吴昌硕，他的杏花几乎凌乱；另一个画家是李可染，他笔下的杏花特别梦幻。

近现代画家中，爱画杏花的还有钱松喦、宋文治等。其他大家对杏花多少也都有涉猎，并各具特点，如齐白石、张大千、于非闇等。钱松喦笔下的杏花色彩浓丽如泼红，但红得相当稳重。宋文治的杏花占据画面比例很大，红得安静闲适，村落间烟火气息浓郁。而吴冠中笔下江南水乡的杏花只有几点红，极简笔法无人能及。李可染的杏花真如他的名字"真可染也"！那杏花如浸染、如狂烧、如梦幻，见不到细部，但见满村烧成一片火海。这种杏花的画法千古未闻，其中有两个逻辑因素，一个是春雨之中杏花被浇透，湿漉漉的，就像宣纸落墨，漫漶不清，没有了边界；另一个是这种画法大多是远景或全景，很少有特写，给人的感觉是整体的、混沌的，密不透风，浮光掠影，火焰烧心。此情此景，似乎见过，又似乎只在梦中。李可染的《杏花图》有很多，基本由红与黑两色构成。墨山黑瓦，红的是杏花，有的红得胜大火，有的似火苗，有的是星星之火。《杏花图》中的杏花，多是白里透红，白白红红，红压着白，似乎是风吹火苗四边倒，江南春雨浇不灭！

吴昌硕的《杏花图》数量相对最多，他可能是晚清之前描摹杏花最多的画家。

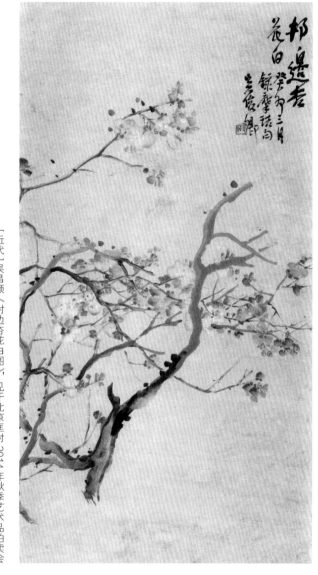

[近代]吴昌硕《村边杏花白图》，见于北京匡时 2014 年秋季艺术品拍卖会

他笔下的杏花大多凌乱不堪，剪不断，理还乱。这种凌乱要么是狂风劲吹，要么是作者心曲凌乱所致。他颠覆了千百年来杏花的娇柔印象，放大了杏花的狂媚。花枝如麻丝相裹，花朵在密网中绽放，艳姿有如纵情之余的醉态，酣畅淋漓！

价值意义篇

杏花活色生香，难禁风雨。以繁为美，以艳为神。像情爱之易逝，乡愁之深浓，知己之比并，生命之凋零。梅雅杏俗，桃柳相形；杏莺燕鸠，动静相生。

杏文化最有价值意义的一面表现在杏花审美上。历代文人的笔下，杏花丰富复杂的审美形态被发掘出来，在神韵特征、象征意义、类比意蕴三个方面都有独特的表现。杏花神韵如杏花红、杏花烟、杏花稀、杏花疏、杏花肥、杏花繁、杏花雪、杏花寒、杏花闹等，生动传神。杏花意象在情爱、家乡、知己、悼亡四层象征意义上在文人观念中达成共识。在类比意蕴方面，杏花与一组花木和一组鸟类分别构成形影不离的伴生意象。花木主要有梅、桃、柳等，鸟类有莺、燕、鸠等。这些叙事上的伴生意象衬托出杏花的某些重要特征，如梅杏争春（梅先杏后）、桃杏争春（杏先桃后）、杏与柳的红绿搭配，莺、燕、鸠更增添了"红杏枝头春意闹"的色彩对比和气场助推。

一、神韵特征

杏花虽小，风情万种。杏花的色彩在红白之间，红有红的艳丽，白有白的清纯。雨中杏花朦胧态，水边杏花照影斜。杏花的神韵，使其成为春天、女性的象征。杏花被拟人化，成为风流多情女子的象征，也是与它的花色特征相呼应的，更是男性情感世界的微妙展露。这一节挑选出 10 余种描摹杏花神韵之作进行细细解析。

西洲曲 [1]（节选）
南朝乐府

忆梅下西洲 [2]，折梅寄江北 [3]。单衫杏子红，双鬓鸦雏色。

【注释】 [1] 选自南朝陈徐陵编《玉台新咏》卷五，作者署名江淹。本处节选四句。 [2] 下：落，即梅花落下。梅花落英时节，正是春讯萌动、男女青年情动之时。西洲：不详所在，即女子所居之门前桥头渡，与下文的江北、南塘构成相对方位。 [3] 折梅：折梅相寄是一种时尚，表达思念远人。

【品析】 这一首说"杏子红"。这本是一篇咏颂女子采莲的南朝民歌，20 世纪又因朱自清的散文《荷塘月色》引用了其中几句而名声大振。这首诗的主要内容是展示女子采莲的唯美形象和盼人不得的复杂心理。之所以选读此诗，主要针对其中"单衫杏子红"一句的色彩创意。

杏花初开时为浅红色，欲落时为浅白色，不同品种有别。韩愈《杏花》："居邻北郭古寺空，杏花两株能白红。"红白之间的红色为浅红色、嫩红色。这种雅致的清爽色彩被诗人迅速捕捉，成为少女心仪的衣着色。少女着单衫，曼妙身材尽显；杏子红满衣，色泽浓淡正匀。杏子红还有别于后文"莲心彻底红"那样透明深湛的莲红。可以认为，杏子红是莲红的引导色、陪衬色与混同色。单衫杏子红，为女子接下去的采莲活动准备了最佳妆容。这样一位令人怜爱的女子一出镜便被定格在那里"展览千年"（舒婷诗）。

杏子红由此成为一种定色符号。每当提到杏子红时，人们的眼前就会闪现绯红成片的杏花和少女娇羞的神态。晚唐吴融《和张舍人》："杏花向日红匀脸，云带环山白系腰。"温庭筠《禁火日》："舞衫萱草绿，春鬓杏花红。"都是用杏子红形容女子的脸色。《红楼梦》第二十一回："那黛玉严严密密裹着一幅杏子红绫被，安稳合目而睡。"有时"杏衫"也是杏子红色，如清代康熙年间词人钱芳标《巫山一段云》："杏红衫薄称腰身，闲立落花晨。"

晚春归山居题窗前竹 [1]

[唐] 刘长卿 [2]

溪上残春黄鸟稀，辛夷花尽杏花飞 [3]。始怜幽竹山窗下，不改清阴待我归。

【注释】 [1] 这首诗《全唐诗》卷一五〇作刘长卿诗，卷二百三十九作钱起诗，诗题《暮春归故山草堂》，"溪上残春"作"谷口春残"。 [2] 刘长卿（？—约789）：字文房，宣城（今属安徽）人，后迁居洛阳，中唐诗人。曾任随州刺史，世称"刘随州"。长于五言，自称"五言长城"。有名作《逢雪宿芙蓉山主人》等。存《刘随州诗集》。 [3] 辛夷花：又称紫玉兰，花瓣外紫内白，与白玉兰同属不同种。

杏子红（槐下摄）

【品析】 这一首说"杏花飞"。这首诗对杏花文化的意义在于，它提出了一个杏花凋落的时令问题。与杏花同期出现的花事其实并不多，梅、辛夷、樱、杏、桃、李、海棠次第开落，辛夷与杏花几乎同时凋落，但比杏花略早，这可以视为一个时间定位。如白居易《花下对酒二首》之一："梅樱与桃杏，次第城上发。"白居易《春风》："春风先发苑中梅，樱杏桃梨次第开。荠花榆荚深村里，亦道春风为我来。"白居易《偶作》："红杏初生叶，青梅已缀枝。"《全唐诗》卷八百七十五录有两联断章："去日既逢梅蕊绽，来时应见杏花开。""梨花发后杏花初，甸邑南来庆有余。"唐代陈陶《续古二十九首》之二十："南园杏花发，北渚梅花落。"

宋代诗人对此仍然诗兴深浓。如宋初梅尧臣《陈浩赴福州幕》："梅残杏将坼，杨柳都未堪。"欧阳修《渔家傲》："二月春耕红杏密。百花次第争先出，惟有海棠梨第一。"南宋陆游《出游》："吴地清明未减寒，梨花初动杏花残。"可见梅谢杏开、杏残梨开已是常识。

冯小怜

[唐]李贺[1]

湾头见小怜，请上琵琶弦。破得春风恨，今朝直几钱[2]。裙垂竹叶带，鬟湿杏花烟。玉冷红丝重，齐宫妾驾鞭。

【注释】[1]李贺（790—816）：字长吉，福昌（今河南宜阳）人，唐宗室后裔，中唐著名诗人。想象诡奇，世称"诗鬼"。有《昌谷集》。 [2]直：同"值"。

【品析】 这一首说"杏花烟"。诗中写道，诗人在湾头见到一个叫"小怜"的女子，她是北齐宫女，善于弹奏琵琶，但物是人非，已无人赏识。她长得多美啊，裙子上系着像竹叶一样的绿丝带，鬟发间笼罩着袅袅香雾，真好像一团"杏花烟"。

此诗并未正面咏及杏花，但"杏花烟"一词非常形象，写出了杏花的一种难以名状的色态。杏花开时叶未生，所以花色成片，看似大色块，即使不在雨中，远望都像一团绯红的轻烟。烟，是一团没有边界的色块，既淡且轻，所以有烟云、烟雨、烟雾之连称。女子鬟边的杏花烟，那是一种怎样的形态呢？轻红、湿润、朦胧，与女子的青丝、美眉、朱唇连成一体，起着点缀与融合的作用。有的诗人写到的杏花烟雨，那是在园里，在河边，在路旁，在山上，而李贺笔下的杏花烟，却在美人鬟发间。这比《西洲曲》里"单衫杏子红"的描摹更具朦胧之美。杜甫《月夜》诗中想象夫人的"香雾云鬟湿，清辉玉臂寒"之句，所谓"香雾"，是模糊的指称。李贺的"杏花烟"点出杏花成烟，有香有湿更有色，极富想象力。当然，这里的杏花意象可能还带有一层冯小怜薄命的象征。晚唐温庭筠《禁火日》："舞衫萱草绿，春鬟杏花红。"与李贺的诗相比，温诗明显少了一层"杏花湿"的意蕴。有的类书还引过李贺另一句诗"烟湿杏花须"，说的是被打湿的杏花花蕊，也自有妙处。

［现代］于非闇《杏竹雪羽图》，见于北京匡时国际 2015 年秋季拍卖会

春游曲[1]

[唐] 王涯[2]

万树江边杏，新开一夜风。满园深浅色，照在绿波中。

【注释】 [1] 这首诗有作王维诗，有作张仲素诗，南宋洪迈《万首唐人绝句》作王涯诗。从杏文化审美发展的角度看，恐怕不是唐代前期王维诗。 [2] 王涯（约764—835）：字广津，太原（今山西太原）人。中唐重臣、诗人。"甘露之变"发生后，不幸遇害。

【品析】 这一首说"杏花影"。小诗语言清新可感，言简味深，特别展示了杏花最美的一面：绿波照影。杏花是红色的，江水是绿色的，那深浅不同的杏花倒映在水中，都成了绿波的颜色。这首诗的诗眼在最后一句，不论多少杏树，不管花色深浅，要想让杏花出彩，有一个最佳的办法，那就是让她"照镜子"。又如晚唐陆龟蒙《王先辈草堂》："松径隈云到静堂，杏花临涧水流香。"北宋王诜《踏青游》："谁家杏花临水，依约靓妆窥照。"南宋喻良能《东归》："照水杏花红蒴蒴，弄晴杨柳绿茸茸。"以水为媒，则更能显杏花风采。

杏花照水，自有风神。晚唐吴融《杏花》："独照影时临水畔，最含情处出墙头。"苏轼《和王晋卿送梅花次韵》："江梅山杏为谁容，独笑依依临野水。"不过梅花与水突出的是它的形，杏花与水点染的是它的色。又如晚唐张泌《所思》"隔江红杏一枝明"，南宋曾几《三霄亭和韵》"倚江杨柳正高下，照水杏花能白红"。在杏花审美的意象构造中，水与墙是它的两个重要的审美伴侣，临水照影可以看出杏花的强烈色差，红杏出墙可以见证杏花的无限生机。从绘画角度来看，前者是倒影分身法，后者是马远的"一角法"。

其实，水中杏花倒影的色彩，都是诗人的视觉差，或者是想象的结果。因为不论什么颜色的物体，倒映在水中，大都失去了原色，变得更加暗淡，这是光影效果所致。杏花倒影之美，不在于它的色彩，而在于它的飘逸，即所谓"月淡斜分影，池清倒写真"（文同诗）。

山中述怀

[唐]姚合

为客久未归，寒山独掩扉。晓来山鸟散，雨过杏花稀。天远云空积，溪深水自微。此情对春色，尽醉欲忘机[1]。

【注释】 [1]忘机：道家语，意为消除机巧之心。

【品析】 这一首是说"杏花稀"。诗人久客未归，独居山中，看鸟飞花落、云散水流。他陶醉在春色之中，已达到超然世外的"忘机"境界。

诗中的杏花意象虽然只一闪而过，但"雨过杏花稀"一句还是很值得玩味的。天亮了，鸟儿都纷纷散去。刚刚下过一场雨，枝头的杏花就明显稀少了。不同的花在雨中的美学效果有别：桃花带露浓（李白诗）、梨花一枝春带雨（白居易诗）、海棠经雨胭脂透（宋人王雱词）等，杏花经雨的美学特色是一个字——稀！

杏花本繁多，遇雨易凋零，这才给人杏花稀的印象。李嘉祐《春日淇上作》："淇上春风涨，鸳鸯逐浪飞。清明桑叶小，度雨杏花稀。"当然，还有别的原因也会导致"杏花稀"。王建《原上新居十三首》之一："荒藤生叶晚，老杏著花稀。"韦庄《村居书事》："不觉春光暮，绕篱红杏稀。"树老与春残，杏花自然稀少，但都不如"雨过杏花稀"有让人心生感伤的意境。

杏 花

[唐]吴融

春物竞相妒，杏花应最娇。红轻欲愁杀，粉薄似啼消。愿作南华蝶[1]，翩翩绕此条。

【注释】 [1]南华蝶：有版本作"南华梦"。《庄子·内篇·齐物论》里讲了一个"庄周梦蝶"的故事。《庄子》又为《南华经》。

【品析】 这首诗着意写出杏花的娇态。春天来了，百花争艳，各不相让，但只有杏花最娇。娇是怎样的一种态呢？若用女子的娇态来比拟，是再恰当不过的了。

花有千种，态有万样。诗人眼中，杏花最娇，当与它淡淡的红、薄薄的粉、花期短促、容易凋落等特性分不开。诗人喜欢用"红轻"或"轻红"来形容杏花的花色。晚唐诗人郑谷《杏花》有"轻红照碧池"的诗句，吴融另一首《杏花》也用过"粉薄""红轻"："粉薄红轻掩敛羞，花中占断得风流"，而这"轻红粉薄之娇态"不正是不事浓妆、娇羞怡人的女子吗？五代孙光宪《浣溪沙》词也有类似的比拟："杨柳只知伤怨别，杏花应信损娇羞。"

杏　花

[唐] 温宪[1]

团雪上晴梢，红明映碧寥[2]。店香风起夜，村白雨休朝[3]。静落犹和蒂，繁开正蔽条。澹然闲赏久，无以破妖娆。

【注释】[1] 温宪（约840—890后）：太原（今属山西）人，晚唐诗人温庭筠之子。《全唐诗》收其诗四首。　[2] 碧寥：指青天。　[3] 雨休：雨停了。朝：早晨。

【品析】这是一首对杏花的色、香、开、落作细致描摹的五律，并不仅限于对香的描写，正如尾联所谓的"闲赏久"，所以诗人才能看得这样仔细。认真咀嚼这首诗，你可以感受到村野杏花色、香、动、静的不同形态，春意直逼你的胸怀。"店香风起夜"是个倒装句，意思是，夜风中，杏花的清香吹到酒店里来了。

写杏花色香的诗非常多，如中唐诗人陈翥《曲江亭望慈恩杏花发》："带云犹误雪，映日欲欺霞。紫陌传香远，红泉落影斜。"也写了杏花的白与红、香与落，陈翥早于温宪，两首诗各有特色。

春雪初霁杏花正芳月上夜吟

[唐] 唐彦谦[1]

霁景明如练，繁英杏正芳。恒娥应有语[2]，悔共雪争光。

【注释】[1] 唐彦谦（？—约893）：字茂业，号鹿门先生，并州晋阳（今山西

［元］王渊《杂花图卷》局部之白杏花（天津博物馆藏）

太原）人，晚唐诗人。官阆州刺史等。　[2] 恒娥：同"姮娥"，又称"嫦娥"。

【品析】　这一首诗描写杏花的白洁品质。晴朗的天空就像白练一样明净，繁盛的杏花正开得芬芳摇曳。在这春雪初晴的夜晚，月上树梢头。月里嫦娥如果能见到人间的杏花，她一定会非常后悔，真不该用月光与白雪一样的杏花争高低啊！

诗人用明净的天空、初晴的积雪、明亮的月光三样具有白色性质的事物来映照杏花，最后用嫦娥的悔意来衬托月下与雪中杏花的光洁度，效果明显。诗已经给它们的"白度"排了一个序：天空不如月光，月光不如白雪，白雪不如杏花。白雪都比不过杏花，月光还跟白雪争什么呢？都让位于杏花吧。

杏花为什么这样洁白呢？除了自身的颜色之外，当然还有白雪与月光交相映照的效果，但诗人不愿这样说。他只看到，无论是冰冷的白雪，还是寒冷的月光，都不如生机盎然的杏花更有感染力，从这一点看，他肯定是对的。

最早直接写到"杏花白"的，是王维的《春中田园作》诗："屋上春鸠鸣，村边杏花白。"但王诗说得无奈太"白"，没有余味。

春日小园晨看兼招同舍

［五代］李建勋[1]

最有杏花繁，枝枝若手挼[2]。须知一春促[3]，莫厌百回看。鸟啭风潜息，蜂迟露未干。可容排饮否，兼折赠头冠。

杏花繁（槐下摄）

【注释】 [1]李建勋（约873—952）：字致尧，广陵（今江苏扬州）人，一说陇西人，晚唐五代诗人。他有诗《梅花寄所亲》："云鬟自粘飘处粉，玉鞭谁指出墙头。"钱钟书《宋诗选注》认为，这是叶绍翁"一枝红杏出墙来"诗意的源头之一。 [2]抟（tuán）：用手把东西揉弄成球形。 [3]一春促：杏花花期很短，春天很快就会过去。

【品析】 这一首写到"杏花繁"。杏花不如梅花，梅花以"疏影"著称，显示了其高洁孤傲的身份。但杏花开起来总是逐队成团，这是由植物的不同物性决定的。所谓"疏杏"，指的是杏花凋落后的景象。而诗人借此不同，自占地步，认为梅花高韵，杏花从俗。梅花渐渐成为文人雅士的自况之物，而杏花则是世俗春色的营造者，深深地融入了民俗生活。民间见其盛开，可安排春耕，可折花相赠，可食可饮，爱煞村里人家。杏花一开，蜂蝶莺鸠齐上阵，色泽明快春意浓。

"杏花繁"也可称为"杏花密"。齐己《早莺》："藏雨并栖红杏密，避人双入绿杨深。"繁杏更是宋代文人对杏花的审美通识。如司马光有诗："田家繁杏压枝红，远胜桃夭与李秾。"蔡伸《临江仙》："繁杏枝头蜂蝶乱，香风阁坐微闻。"
范成大《上沙》："繁杏锁红春意浅，晚梅飘粉暮寒深。"范成大《题张晞颜两花
图二首——繁杏》："红粉团枝一万重，当年独自费东风。"范成大的友人管鉴《虞
美人》："一枝繁杏千红蕊，酿笑东风里。"

春 夜

[五代] 刘兼[1]

薄薄春云笼皓月，杏花满地堆香
雪。醉垂罗袂倚朱栏，小数玉仙歌未
阕[2]。

[现代] 于非闇《杏花珍禽图》，见于北京匡时
2014年秋季艺术品拍卖会

【注释】 [1] 刘兼：约生活于五代
后周末、北宋前，长安人，官荣州刺
史，有诗一卷传世。善七律，有名句
如："万叠云山供远恨，一轩风物送秋
寒。""千载龟城终失守，一堆鬼录漫
留名。" [2] 小数：小技艺，这里指会
唱歌。如宋苏洵《上皇帝书》："及其
后世不然，曲艺小数皆可以进。"苏轼
诗："遗书今未亡，小数不足观。""小
数"或解为"慢慢数""慢慢听"。玉仙：
仙女，歌女。歌未阕：歌还没有唱完。
阕，指词的段数。未阕，这里指未唱完，
还未终了。

【品析】 这一首写的是"杏花雪"。
白梅花常被称为香雪，成片的梅林被
称为香雪海。杏花的香味清淡，无法

与梅花比拟。不过诗人因为近距离地感受杏花的清香，也常为之倾倒。

与其他杏花诗不同的是，这首诗并未正面描摹杏花的花色与香味，而是推出了两个参照意象。一个是月，月色为杏花"增白"不少；另一个是美人，她不仅为杏花增色，还为她"增香"。

杏花如雪，也有取意于红色称"红雪"的用法，但这里是取其淡白的色彩。杜甫《早花》："盈盈当雪杏，艳艳待春梅。"吕温诗："曲水杏花雪，香街青柳丝。"温庭筠《菩萨蛮》："杏花含露团香雪，绿杨陌上多离别。"晚唐牛峤《应天长》词："杏花飘尽龙山雪。"金代元好问《江城子》："杏花开过雪成团。"又有《浣溪沙》："川下杏花浑欲雪。"

玉楼春·春景

[宋]宋祁

东城渐觉风光好。縠皱波纹迎客棹[1]。绿杨烟外晓寒轻，红杏枝头春意闹。　浮生长恨欢娱少。肯爱千金轻一笑。为君持酒劝斜阳，且向花间留晚照。

【注释】 [1]縠（hú）皱：绉纱似的皱纹。客棹（zhào）：客船。棹，船桨。

【品析】 这是一首著名的杏花词，写出了"红杏闹"的意韵。宋祁曾任工部尚书，因此被人称为"'红杏枝头春意闹'尚书"，或称"红杏尚书"。上片写春景，下片写春愁。

"红杏枝头春意闹"一句千古传诵，那么，它到底好在哪里呢？这一句与上一句"绿杨烟外晓寒轻"构成对仗，所用意象"绿杨"与"红杏"都很常见，醒目的是"轻"与"闹"两个形容词的运用。"杨柳堆烟，帘幕无重数"（欧阳修词），但杨柳堆起来的烟，无论多么浓、多么厚，它的特点只有一个字——"轻"。而杏花开放，不论它多么红艳，给人印象最深的也是一个字——"闹"。闹，不仅指的是杏花枝上蜂蝶成团、莺鸠乱唤，还特指杏花自身开得一团红艳、密不透风，即所谓"繁杏"——这才是春意最浓的气场。这样的花枝上，花繁枝密，落花成阵，再加上蝶舞莺呼，怎一个"闹"字了得！南宋初年沈继祖《杏花村》诗将"繁杏"

与"春意闹"组成一体："杏破繁枝春意闹，牙盘堆实荐时新。"

南宋词人吴泳在词中多次提到这个"红杏尚书"。如《沁园春·生日自述》："有一编书传，一囊诗稿，一枰棋谱，一卷茶经。红杏尚书，碧桃学士，看了虚名都赚人。成何事，独青山有趣，白发无情。"《祝英台·春日感怀》："猛深省。但有竹屋三间，莲田二顷。便可休官，日对漏壶永。假饶是、红杏尚书，碧桃学士，买不得、朱颜芳景。"碧桃学士，应指北宋秦观，他是"苏门四学士"之一。秦观有《虞美人》词："碧桃天上栽和露，不是凡花数。乱山深处水萦回，可惜一枝如画为谁开？"其实，秦观词中"碧桃天上栽和露"之句明显是借自唐代高蟾的名句："天上碧桃和露种，日边红杏倚云栽。"所以"碧桃学士"若指高蟾也无不可。也有人称"碧桃学士"为刘禹锡，恐非属实。

临江仙·夜登小阁忆洛中旧游
[宋] 陈与义 [1]

忆昔午桥桥上饮 [2]，坐中多是豪英。长沟流月去无声。杏花疏影里，吹笛到天明。　二十余年如一梦，此身虽在堪惊。闲登小阁看新晴。古今多少事，渔唱起三更 [3]。

【注释】[1] 陈与义（1090—1139）：字去非，号简斋，洛阳（今属河南）人。北宋末、南宋初年诗人，也工于填词。有《简斋集》。　[2] 午桥：在洛阳，原为唐代宰相裴度的别墅"午桥庄"，庄上有文杏百株，立有"碎锦坊"。宋初宰相张齐贤罢相归洛得此地，与宾客宴游其间，后来成为文人聚会的地点。　[3]《三国演义》开头引明代杨慎《临江仙》词"古今多少事，都付笑谈中"，化用了这末一联。

【品析】这是宋词里的一首名篇，其"杏花疏影"极富创意。词人经历了靖康之变，流落江湖，对时光流逝、人生如梦的感慨非常深。这首词有多处值得咀嚼，这里只说杏花。

杏花疏影，是一个新鲜的话题。杏花本是繁花，但文人往往希望它不要太繁，要疏一点才好。宋赵彦端《风入松·杏花》："作态似深又浅，多情要密还疏。""疏影"意象在唐诗里并不少见，多指松影、竹影、柳影、荷影、槐影、梧影等，一般月夜或秋天才会出现。唐诗并未出现"杏花疏影"的搭配。宋初，林逋借"竹影"写梅花，成就了"梅花疏影"的新境界。陈与义再将之引入杏花意象，也是非常成功的。金代元好问《杏花》："一般疏影黄昏月，独爱寒梅恐未平。"为"疏影"只形容寒梅而不及杏花打抱不平呢。其实，"杏花疏影"并非枝上杏花开得稀疏，而是经过风雨之后，繁花凋落，只剩残红。南宋张炎《杏花天·赋疏杏》："似过雨，胭脂全少。不教枝上春痕闹。"即此之谓也。

月夜在杏花下饮酒，是古人的风雅。唐代皇甫松《江上送别》："隔筵桃叶泣，吹管杏花飘。船去鸥飞阁，人归尘上桥。"有点这首词的味道，但不是在夜晚。司马光有诗《和道矩送客汾西村舍，杏花盛开，置酒其下》，也是在白天。苏轼《月夜与客饮杏花下》的情景是"褰衣步月踏花影""洞箫声断月明中"，与这首词的情境几乎相通，但他留意的是"花影"。其时，杏花正繁，只见花影"重重叠叠上瑶台"（《千家诗》所录苏轼《花影》，有称谢枋得作），而他担心的事还没有发生："明朝卷地春风恶，但见绿叶栖残红。"程俱也有诗《同许干誉步月饮杏花下》："红云步障三十里，一色繁艳无余香。"他见到的是"繁艳"，而非"疏影"。

陈与义七律《怀天经智老因访之》中有一句"客子光阴诗卷里，杏花消息雨声中"，也颇耐人寻味。客子与诗卷，杏花与雨声，各是惺惺相惜的一对。客子的光阴无以聊赖，只有诗卷可以解愁。雨声之中的杏花纷纷落去，是春天到来的消息。

南宋李洪有诗《道中闻啼鸟》："想见故园春社近，杏花消息雨连朝。"化用陈与义诗句而一转，却失去了原诗的通畅。宋末方回《至节前一日六首》之五："客子光阴诗卷里，杏花消息雨声中。我谓简斋此奇句，元来出自后山翁。"他认为陈与义这一联好诗是从北宋陈师道的诗句化用而来。方回原诗注曰："'老形已具臂膝痛，春事无多樱笋来'，后山诗也。简斋诗本诸此，然亦出于少陵翁。"这种联想言过其实，了不相类。

南歌子

[宋] 秦观[1]

香墨弯弯画，燕脂淡淡匀。揉蓝衫子杏黄裙[2]。独倚玉阑无语、点檀唇。 人去空流水，花飞半掩门。乱山何处觅行云。又是一钩新月、照黄昏。

【注释】 [1]秦观（1049—1100）:字少游，一字太虚，号淮海居士，高邮（今属江苏）人，北宋婉约派词人。 [2]揉蓝:浸揉蓝草做成的染料。这里指湛蓝色。

【品析】 词中出现一个此前不曾多见的词组"杏黄裙"，这是用成熟杏子的颜色指称一种布料的色彩，既形象又清新，与《西洲曲》里女子"单衫杏子红"形成对比。杏子刚生时为"青杏"，农历五月左右变成黄色，则可以采摘食用。杏子与梅子成熟时都是黄色的，但没有出现"梅黄色"的称谓，只有"黄梅""黄梅雨"的组合。北宋梅尧臣《李审言遗酒》:"当街卖杏已黄熟，独堆百颗充盘筵。"

杏子黄熟时，有些偏红色，称丹杏。曾巩有诗:"丹杏一番收美实，绿荷无数放新花。"孙应时《石柜阁和少陵韵》:"榴花开正红，杏子熟已赤。"所谓"丹杏""杏赤"也就是杏子黄。杨万里《折杏子》:"意行到南园，杏子半红碧。"是说杏子半黄半青。陆游的诗"东园梅熟杏初丹"（《初夏幽居》）、"杏子已微丹"（《初夏杂咏》）、"林杏半丹禁宿雨"（《戏咏村居》）中的"丹"其实也是指黄色。

杏黄色从此成为民间色彩的一种专名。《水浒传》里，梁山上就有一杆"杏黄旗"。第七十回:"山顶上，立一面杏黄旗，上书'替天行道'四字。"还有穿"杏黄衫"的。第三十九回:"且说戴宗回到下处，换了腿绷、护膝，八搭麻鞋，穿杏黄衫。"《西游记》第六十八回:"孙悟空对唐僧说:'既识字，怎么那城头上杏黄旗，明书三个大字，就不认得？'"当今时代，"杏黄色"仍然是一个常用词，皮肤洁白的女子喜穿杏黄色的衣服，衬托效果更佳。

春日晚望

[宋] 孟大武[1]

屋角风微烟雾霏，柳丝无力杏花肥。朦胧数点斜阳里，应是呢喃燕子归。

【注释】[1]孟大武：南宋诗人。与吴芾（1104—1183）有唱和。

【品析】这一首写的是"杏花肥"。诗中出现的意象有春风、柳丝、杏花、斜阳、燕子等，营造出清新和煦的意境。诗中用了拟人手法，柳丝无力因风微，杏花肥态正艳时。从不同时段来观察，杏花可红可白、可艳可残、可疏可繁。这首诗用了一个很少见的"肥"字来形容杏花繁盛的形态，让人眼睛为之一亮。杏花疏朗或者凋落时，可以称为"杏花瘦"。如两宋间武衍《湖边》："日日湖边上小车，要寻红紫醉年华。东风合与春料理，忍把轻寒瘦杏花。"晚唐许浑《题韦隐居西斋》有"溪雨豆花肥"的诗句，"杏花肥"一说，唐诗未曾见。

南宋之后，"杏花肥"一说已成通例，如略早的李清照《临江仙·梅》："浓香吹尽有谁知。暖风迟日也，

[近代] 吴毂祥《玉楼人醉杏花天》，见于中国嘉德四季第49期拍卖会

别到杏花肥。"这看似"杏花肥"创意的先声，但此词晚出，专家疑其非易安居士之作。宋人编《梅苑》卷九，这首《临江仙》署名"曾夫人（子宣妻）"。子宣即北宋曾布（1036—1107），夫人魏玩为词人，也称"魏夫人"。《梅苑》一书编成于南宋初期，则"杏花肥"出于北宋也难定谳。杨万里《重九前五日再游翟园》："记得春头来此嬉，梅花太瘦杏花肥。"陈造《再次韵赵帅见寄三首》之二："连夜扬州昔年梦，小梅清瘦杏花肥。"张炎《浪淘沙》："杏花零落水痕肥。"这个有味，是说杏花落到水面，形成宽广的水波，是"杏花肥"的另一种形态。前三例都将"杏花肥"与"梅花瘦"对举，李清照的词虽然未必是源头，但她写过"应是绿肥红瘦"（《如梦令》）的词句，而这里杏花却是"花肥"的代表。杏肥梅瘦，是宋代崇尚梅花高洁、鄙视杏花艳俗观念的反映。

解佩令·春

[宋] 蒋捷[1]

春晴也好，春阴也好。著些儿、春雨越好。春雨如丝，绣出花枝红袅。怎禁他、孟婆合皂[2]。　梅花风小，杏花风小[3]。海棠风、蓦地寒峭。岁岁春光，被二十四风吹老[4]。楝花风、尔且慢到。

【注释】[1] 蒋捷（约1245—1305后）：字胜欲，号竹山，常州宜兴（今属江苏）人。宋度宗咸淳进士。南宋亡，深怀亡国之痛，隐居不仕，人称"竹山先生""樱桃进士"。长于词，造语奇巧，比兴深浓。有《竹山词》。　[2] 孟婆：指风神。合皂，是说风神又将花吹落，只剩下一片墨绿的树荫。合，根据前文"绣出"的语意，应指"缝合""叠合"。合皂或指合皂山，在江西省樟树市东，道教以为七十二福地之一。皂，《竹山词》作"阜"，同"皂"。　[3] 小：一作"俏"。　[4] 二十四风：指"二十四番花信风"。根据农历节气，从小寒到谷雨，共八气，一百二十日，二十四候，每候对应一种花，始于梅花，终于楝花。杏花为第十一信风。

【品析】这首词写的是"杏花风"。与蒋捷的其他小词一样，这首词用词通俗，语义浅显，但却充满了想象，情深意切，耐人寻味。上片写一派春光被风吹散；

下片说到各种花信风的表现，暗示春光总被雨打风吹去。梅花风是二十四花信风之首，楝花风是殿军，杏花为第十一花信风，海棠比杏花迟，是第十六花信风。春天虽然美好，雨润花娇，但风却是花的克星，它让花事轮转，花信就是风的魔术、春的煎熬。

杏花风是一个富有意味的创设。这个创意似出自诗人的随意，其实是花卉审美文化的一种折射。古代诗人不约而同地发现，花与风是相依为美的伴侣，风中的花既能婀娜多姿，又能飘落飞旋。风，既可迎花开，也可摧花落。不同节令的风，温度有别，能吹开不同的花，即后世所谓"二十四番花信风"。唐代是"花—风"文化结构的发轫期。唐代羊士谔有诗"萋萋麦陇杏花风"，白居易也有"杏园澹荡开花风"的诗句。

唐诗中的"花风"已很常见。如孟郊《送淡公》："燕本冰雪骨，越淡莲花风。"张籍《送朱庆馀及第归越》："湖声莲叶雨，野气稻花风。"喻凫《玄都观李尊师》："晓坛栌叶露，晴圃柳花风。"赵嘏《重阳》："还向秋山觅诗句，伴僧吟对菊花风。"以上有莲花风、稻花风、柳花风、菊花风等。这些风与花的关系各有不同，有部分涉及"花信风"。

所有的花都将在风中吹落，除了菊花（南宋郑思肖诗："宁可枝头抱香死，何曾吹落北风中"），所以"落花风"才是唐诗中出现频率最高的"花风"。初唐刘希夷《白头吟》首开其例："古人无复洛城东，今人还对落花风。年年岁岁花相似，岁岁年年人不同。"因为风中落花最易引发诗人伤春悲秋之情。

花信风的观念在宋代臻于完善，形成了"二十四番花信风"的说法。程杰先生《"二十四番花信风"考》一文认为"花信风"说法最早出现在五代，"二十四番花信风"的说法出现于北宋，成熟于明代。最早是晏殊的断句："春寒欲尽复未尽，二十四番花信风。"北宋江西诗人徐俯有："一百五日寒食雨，二十四番花信风。"此后成为民间俗语。

苏溪亭[1]

[明] 汪广洋[2]

苏溪亭上草漫漫[3]，谁倚东风十二阑[4]。燕子不归春事晚，一汀烟雨杏花寒[5]。

【注释】 [1]这一首有些选本误作晚唐戴叔伦之作，实出自明代汪广洋《凤池吟稿》卷十。 [2]汪广洋（？—1379）：高邮（今属江苏）人，字朝宗，明朝初年宰相。元末进士出身，通经能文，工诗善书。明初先后担任山东行省、陕西参政、中书省左丞右丞相职。洪武十二年（1379）被赐死。著有《凤池吟稿》。[3]苏溪亭：在今浙江省义乌市苏溪镇。 [4]十二阑：表示亭子里的阑干很曲折。北宋张先《蝶恋花》词："楼上东风春不浅，十二阑干，尽日珠帘卷。" [5]汀：水边平地或小洲。

【品析】 这一首说"杏花寒"。诗中最为人称道的，是末句"一汀烟雨杏花寒"，它营造出杏花春寒的朦胧意韵。

这个以"一"打头的杏花诗句，在唐宋诗中早有出现，意味略同，选词有别。晚唐诗人唐彦谦《无题十首》之十："云色鲛绡拭泪颜，一帘春雨杏花寒。"写一个美女的春愁，其中"一帘春雨杏花寒"的诗句非常亮眼，与"一汀烟雨杏花寒"的结构与意境都非常相似。但二者又有区别，一个写的是闺中所见，另一个写的是野望所得，前者寒幽，后者明阔。不过，汪广洋这句属后出转精者，就如南宋叶绍翁"一枝红杏出墙来"的例子。

北宋诗人郑獬《阻风游铜陵护法寺》的"一树残红山杏花"，南宋初诗人曾觌《菩萨蛮》的"杏花寒食佳期近，一帘烟雨琴书润"，苏洞《江次》的"一树临风落杏花"，方岳《春暮》的"一帘新雨杏花残"，方岳《次韵赵端明万花园》的"数点春愁杏花雨"，南宋末华岳《上巳》的"一帘风雨杏花寒"，华岳《次翁正叔溪山胜游之韵》的"一帘红雨杏花飞"，南宋末戴表元《次韵答胡山甫兼简汪日宾》二首之二"一春风雨杏花初"，金元好问《杏花杂诗十三首》之七的"一树杏花春寂寞""一片春风出树头"和《梁县道中》的"一枝临水卧残红"……

与唐诗相比,这些诗涉嫌沿袭,诗味大多减淡。只有北宋张耒《春日偶题》诗"下帘数点黄昏雨,一霎轻寒青杏风"和元好问的诗句相对是较好的,不过张耒的诗句借鉴了五代冯延巳《蝶恋花》中的词句:"红杏开时,一霎清明雨。"

杏花春寒是诗人常写的主题,如宋代李处权《雪中过伊南》:"低阴漠漠水漫漫,杨柳如丝不忍看。见说山前风更恶,杏花无处避春寒。"陆游另有诗《春日园中作》:"杏花开过尚轻寒,尽日无人独倚阑。"武衍《湖边》:"东风合与春料理,忍把轻寒瘦杏花。"刘过《书僧舍壁》:"绿杨染水浓如画,天气欲晴风自和。二月杏花犹未放,一春分外觉寒多。"李流谦诗:"杏花一标凌晓寒,刮眼创见春风远。"方岳《春词》:"春无些力吹成雪,未必杏花能耐寒。"舒岳祥《无题》:"杏花寒气退三舍,柳絮春光减二分。"宋末王镃《春寒》:"雨又未休人又懒,杏花无力不禁寒。"

二、象征意义

(一)情爱

将花与女性互证是人类的审美共识,不同花色可以对应不同品性的女人。杏花因为具有"艳性""野性""红杏出墙"等人为赋予的特性,于是在文人的笔下,被定格为活泼可爱、感情炽热甚或风流薄情等女子的象征。杏花只有被"女性化"之后,才能更好地寄托文人"欲说还休"的情感折磨。

杏花墙[1](节选)

[唐]元稹《会真记》

崔之东墙[2],有杏花一树,攀援可逾[3]。既望之夕[4],张因梯其树而逾焉;达于西厢[5],则户果半开矣。

[明] 仇英《西厢记册页·逾墙》（清人仿作）（美国弗利尔美术馆藏）

【注释】 [1] 题目为编者所加。 [2] 崔：指崔莺莺住所。 [3] 逾：越过。
[4] 既望：农历每月十六日。望日，农历十五。 [5] 西厢：西边厢房。崔莺莺赠
一诗给张生《明月三五夜》："待月西厢下，迎风户半开。隔墙花影动，疑是玉人
来。"其实是提示约会的暗语。

【品析】 在张生与崔莺莺这个经典的爱情故事中，两人幽会走的不是礼教许
可的大门，而是由女子发出邀约，张生越墙而过才得以实现的。作者不知是有意
还是无意，越过这道礼教禁忌的"助手"竟是墙边的"杏花一树"，令人产生无
限遐思。

元稹是杏花诗写得相当多的唐代诗人之一，他的诗中常见杏园、杏花、杏林
等意象。在这篇小说中，他为杏花寓意另辟了一道门径。钱钟书先生在《宋诗选注》
里逆推"一枝红杏出墙来"的诗意源头时，只追溯到了晚唐，而没有留意中唐这
层同调的设计。

杏花因具有娇艳的特质，诗人常将其与女性视为同类。杏花的暴艳暴凋，有
如一些女子缺乏坚贞的薄情，杏花与女性之间从此有了隐喻，并贯穿于从唐至清
各个时代的文人观念之中。凡是以杏花为情爱设喻的，往往都是悲剧的结局，这
是由杏花妖艳短促的生命特征所决定的。

杏　花

[唐] 薛能[1]

活色生香第一流，手中移得近青楼[2]。谁知艳性终相负，乱向春风笑不休。

【注释】 [1]薛能（？—880）：字太拙，汾州（今山西汾阳）人。晚唐大臣，著名诗人。有《薛能诗集》。　[2]青楼：原指用青漆涂饰的豪华精致的楼房，唐代一般指歌女居住的地方。李白《宫中行乐词》之五："绿树闻歌鸟，青楼见舞人。"清代袁枚《随园诗话》中说："齐武帝于兴光楼上施青漆，谓之青楼"，并指出："今以妓院为青楼，实是误矣。"

【品析】 这首诗把杏花比拟为风尘女子，在当时，这是一个与众不同的视角。"活色生香"一词，非常生动地描摹出杏花的色、香特性。因为十分形象，这个词在今天演变成一个常用的成语。色香俱佳的杏花被诗人采得，诗人手持鲜花，正好经过春天的青楼旁边，他想将这枝花送给自己最钟爱的那个人。可是，春风一吹，手中的杏花飘飞追舞，乱成一团，早已把他抛在脑后了。其中暗寓杏花狂乱的品性与青楼女子轻薄的艳性类似。

乱向春风笑不休
（槐下摄）

前一联专写杏花的美丽与自己对她的喜爱。后一联笔锋一转，是因为杏花容易飘落的特性让诗人陡生失落之情：我手中的一束杏花，在春风吹拂之下，纷纷飘飞而去，这是对我真情的"相负"。末句的"乱"与"笑"两字的拟人手法刻画出青楼女子的活泼，同时也点出杏花的可爱与轻狂。

将杏花比拟成女子从此成为文学史的常见模式，桃杏易落，被视为花中奴婢，与品性高洁的梅花形成强烈对比。早在唐代，杜甫就有"颠狂柳絮随风舞，轻薄桃花逐水流"的诗句。清代蒲松龄《聊斋志异·婴宁》就是将婴宁的痴狂比拟成杏花，因为婴宁就是一个"乱向春风笑不休"且不受管束的形象。金代元好问有诗："无限春愁与谁语？梅花娇小杏花憨！"娇与憨有相通之处，婴宁其实就是"憨"！

薛能另有诗《春日北归舟中有怀》："雨干杨柳渡，山热杏花村。"这是最早提到杏花村意象的三首唐诗之一。宋潘自牧《记纂渊海》卷九十三引《扬州事迹》："扬州太守圃中有杏花数十株（株），每至烂开，张大宴。一株令一娼倚其傍，立馆曰'争春'。开元中，宴罢夜阑，人咸云，花有叹声。"使杏花与娼女并立，象征意味浓。

思帝乡

[唐] 韦庄 [1]

春日游，杏花吹满头。陌上谁家年少 [2]，足风流。　妾拟将身嫁与，一生休。纵被无情弃，不能羞。

【注释】 [1] 韦庄（约836—910）：字端己，长安杜陵（今陕西西安）人，晚唐诗人、词人，五代时前蜀宰相。韦庄工诗，所著长诗《秦妇吟》名噪一时。词风清丽，与温庭筠同为"花间派"代表作家，并称"温韦"。有《浣花集》。　[2] 陌上：小路上。

【品析】 这首名篇词意明白晓畅，被选入各种词选。词写的是一个少女主动追求一位青春少年的内心独白。二人在春游的小路上相遇，这是一次致命的邂逅，于是她对他暗许终身，并打定主意，哪怕最终被抛弃，也绝无悔意。为什么会这样呢？当一个女子动了真情之后，是不会考虑现实差距与最终结局的。正是因为这样无条件的内心相许，感动了千百年来的无数读者。

这首词的叙事背景中出现了"杏花吹满头"的画面。杏花是春天、青春、春心、幸运的象征符号，这些意义的积累在唐诗中已经完成，所以别看杏花只是轻盈地偶一闪现，它却能促成坚如磐石般"单相思"情感的升腾。

蝶恋花

[宋] 苏轼

雨霰疏疏经泼火[1]。巷陌秋千，犹未清明过。杏子梢头香蕾破，淡红褪白胭脂浣[2]。　苦被多情相折挫[3]。病绪厌厌[4]，浑似年时个[5]。绕遍回廊还独坐，月笼云暗重门锁。

【注释】 [1]雨霰(xiàn)：细雨和雪珠。霰，小冰粒。唐张若虚《春江花月夜》："月照花林皆似霰。"经泼火：经过寒食节。泼火，寒食节。寒食节下的雨叫"泼火雨"。如白居易《洛桥寒食日作十韵》："蹴球尘不起，泼火雨新晴。"唐彦谦《上巳》："微微泼火雨，草草踏青人。" [2]浣（wò）：染上，浸渍。 [3]折挫：折磨，挫折。 [4]厌厌：精神萎靡。 [5]这句是说，这种愁绪就像往年一样。年时，去年，往年。个，那样子。李白《秋浦歌》："白发三千丈，缘愁似个长。"

【品析】 据考证，这首词写于宋英宗治平二年（1065）。其时苏东坡在朝中为官。当年的五月二十八日，东坡夫人王弗病逝。有人认为，这首词是他为纪念夫人而作。从这个角度可以理解为，上片回忆与夫人在一起的美好时光，下片写自己孤独无助的凄凉心境。词中写到杏花开，用的是"香蕾破"；写杏花的色彩，用的是"胭脂浣"。花破而开，色洗而淡，表达对妻子病逝的痛愕。

杏花的红色被看成花瓣上涂抹了胭脂，经过雨洗褪色，所以才变白了。宋代诗人常用胭脂色比拟海棠花。苏轼《寒食雨》二首之一："卧闻海棠花，泥污燕脂雪。"还有宋词名句"海棠经雨胭脂透"（作者相传不一，有宋祁、王雱等）。后来宋人也用胭脂色比喻杏花。用胭脂比海棠是取其浓艳的红色，比杏花是因杏花凋落时，褪去轻红变淡白，都很贴切。

　　苏轼用了一个我们今天很少见的词"浣"，但在唐宋诗词中这是个常用词。如唐代白居易《约心》："黑鬓丝雪侵，青袍尘土浣。"宋代李龙高《杏梅》："淡把猩猩血染成，浣他玉雪一生身。"近代以来罕用此词，如鲁迅《无题》："洞庭木落楚天高，眉黛猩红浣战袍。泽畔有人吟不得，秋波渺渺失离骚。"

杏花天[1]

[宋] 朱敦儒[2]

　　残春庭院东风晓。细雨打、鸳鸯寒峭。花尖望见秋千了。无路踏青斗草。　人别后、碧云信杳。对好景、愁多欢少。等他燕子传音耗[3]。红杏开也未到。

【注释】[1] 杏花天：词牌名，为朱敦儒首创之调，有作三首。"杏花天"多吟杏花开放时节词人的落寞心绪。取字可能来自唐李商隐"粥香饧白杏花天，省对流莺坐绮筵"句，温庭筠《阳春曲》又有"霏霏雾雨杏花天，帘外春威著罗幕"句。带有"杏"字的词牌名有"杏花天影""杏花天慢""杏花风""杏梁燕""杏园芳""杏园春""青杏儿""红杏泄春光"等，元人还喜用"大石调·青杏子"等曲牌作曲。
[2] 朱敦儒（1081—1159）：字希真，洛阳（今属河南）人。历兵部郎中、秘书郎等职。朱敦儒有"词俊"之名。有词集《樵歌》。 [3] 音耗：音信，信息。

[民国] 上海文元书局《绘图杏花宝卷》插图

【品析】 上片写词人在春雨中所见。雨中鸳鸯也被打散，从花尖上的缝隙里可望见不远处的秋千架，荡秋千的人曾经成双，今又落单，踏青、斗草更无情绪。下片写词人的期盼与失望的情怀。等到燕子来了、红杏开成一片时，也没有等到任何音信。

"红杏开也未到"这一句点题。春到红杏开，期望人相聚，可花自开，人未到。而且已经是"残春"时候，红杏很快就要凋零，而他的心上人在哪里呢？叙事的主体，从字面看可以理解为词人自己；若将其视作一个美人，也许情感更加细腻，给人更多遐思与回味。

杏花杂诗[1]

[金] 元好问

杏花墙外一枝横，半面宫妆出晓晴[2]。看尽春风不回首，宝儿元自太憨生[3]。

【注释】 [1]元好问的《杏花杂诗》共有十三首，这里选的是第一首。 [2]宫妆：宫女的装束，指引领时尚的化妆效果。 [3]宝儿：指袁宝儿，隋炀帝的宫女，以轻盈而多憨态著称。元自：原来就是。"元"同"原"。

【品析】 元好问是唐宋金元时期创作杏花诗的第一大家。据检索，元好问专题吟咏杏花的诗有35首之多，另外还在其他诗中有10多处提到过杏花。他对杏花的这种偏爱贯穿了他多难的一生，正如他自己所言："一生心事杏花诗。"

这是一首直写宫女似杏花的诗。诗中出现的宫女宝儿娇憨、轻盈的神态极似杏花，所以诗人取以相拟。花本无语，只见形色，但花色娇艳，令人遐思，引起各种猜测模拟。此诗选取了一枝杏花的特写：好似宫女露出的半张面孔，早晨的太阳照在她脸上，也照在身边的这枝杏花上。这枝花儿尽情地在春风中摇曳，根本不愿回过头去，原来她就像宝儿一样，憨态可掬，非比寻常。

元好问还有《自赵庄归冠氏二首》之一："谁识杏花墙外客？旧曾家近丽川亭！"说的不是墙头杏花，而是"墙外行人"，用意相同。丽川亭在冠氏县（今山东冠县），他另有诗《西园》："丽川亭上看年芳，更为清歌尽此觞。"《宿神霄北庵梦中作》："素月流空散紫烟，座中人物半神仙。丽川往事浑如梦，信手题诗一泫然！"元好问另有《梅花引》词："墙头红杏粉光匀。"关注的仍然是杏花的宫妆模样。

杏　仙[1]（节选）

[明] 吴承恩《西游记》

正话间，只见石屋之外，有两个青衣女童，挑一对绛纱灯笼，后引着一个仙女。那仙女拈着一枝杏花，笑吟吟进门相见。……四老欠身问道："杏仙何来？"那女子对众道了万福道："知有佳客在此赓酬，特来相访，敢求一见。"……那女子满面春风对众道："妾身不才，不当献丑。但聆此佳句，似不可虚也，勉强将后诗奉和一律如何？"……

那女子渐有见爱之情，挨挨轧轧，渐近坐边，低声悄语呼道："佳客莫者，趁此良宵，不耍子待要怎的？人生光景，能有几何？"……

行者道："你不知，就是这几株树木在此成精也。"八戒道："哥哥怎得知成精者是树？"行者道："十八公乃松树，孤直公乃柏树，凌空子乃桧树，拂云叟乃竹竿，赤身鬼乃枫树，杏仙即杏树，女童即丹桂、腊梅也。"

【注释】 [1] 选自《西游记》第六十四回。题目为编者所加。

【品析】 这是《西游记》里的一个离奇设计。这个杏仙也是1986年版电视连续剧《西游记》中特意安排出现过的角色（王苓华饰）。八种植物都成精了，变成八个才华横溢、不怀好意的男女，特遣杏仙用色相来勾引唐僧师徒，以破其法身、灭其意志——其实是特意派来考验师弟几人的。这八个植物精怪的设计，明显参考了《太平广记》里七个树精的故事。

杏树成精，能以情动人，坏人心术。这是借用了杏意象的女性身份与其薄情寡义的情感特征。让杏仙来为难唐僧，有杏文化逻辑上的合理性。

婴　宁[1]（节选）

[清]蒲松龄[2]

俄闻墙内有女子[3]，长呼"小荣"，其声娇细。方伫听间[4]，一女郎由东而西，执杏花一朵，俯首自簪[5]。举头见生，遂不复簪，含笑拈花而入。

【注释】 [1]选自《聊斋志异·婴宁》，此处节选关于"执杏花"一节。[2]蒲松龄（1640—1715）：字留仙，别号柳泉居士，世称"聊斋先生"，自称"异史氏"，淄川（今山东淄博）人。屡试不第，直至71岁时才成岁贡生。一生为塾师，著有《聊斋志异》。 [3]俄：突然。 [4]伫听：站住听。 [5]自簪：自己将花插在头上。

【品析】 这一篇以花作喻，不止有杏花，还有梅花与碧桃。开篇写公子王子服看见"有女郎携婢，拈梅花一枝，容华绝代，笑容可掬"，女子于是将梅花弃于地上，"生拾花怅然，神魂丧失"。后寻找到一村，见"北向一家，门前皆丝柳，墙内桃杏尤繁，间以修竹"，于是"怀梅袖中"。当公子见到正在树上笑得花枝乱颤的婴宁时，"生侠其笑歇，乃出袖中花示之。女接之，曰：'枯矣，何留之？'……曰：'以示相爱不忘。'"文中还有一处点出碧桃，"女又大笑，顾婢曰：'视碧桃开未？'遽起，以袖掩口，细碎连步而出"。女子由"手拈梅花"到"手执杏花"，其实只是时序的推进，而对杏花的女性化认定则是无疑的。小说同时将王生喻碧桃，盖取唐诗"碧桃"对"红杏"之意，但整篇故事依然是在演绎未婚女子的唯美之情。

杏花在中国古典文学中成为年轻女性的自我写照，是千百年来文人观念固执推进的结果。女性的娇弱、青春的短暂、爱情的痴狂，都是杏花与古代女子可以互证的悲剧命运。

（二）家乡

杏花为什么可以成为家乡的象征？因为"村中杏花白""牧童遥指杏花村""屋头初日杏花繁""杏花开半村"等，杏花与农耕、寒食、饮食等民间生活关系密切，离家者见杏花而倍思亲，如唐王翰《春日思归》："杨柳青青杏花发，年光误客转思家。"亡国者"北行见杏花"而思故国。这一类诗词不是太多，但都寄托着作者沉重难解的思乡情结。

过旧宅看花

[唐] 雍陶[1]

山桃野杏两三栽，树树繁花去复开。今日主人相引看，谁知曾是客移来[2]。

【注释】 [1] 雍陶：字国钧，成都（今属四川）人。恃才傲物，工于词赋。唐文宗大和八年（834）进士及第，曾授国子博士、简州刺史，后辞官归隐庐山。[2] 客：指诗人自己。

【品析】 诗人经过自己的老房子，看那房前屋后的几棵山桃野杏，繁花密枝，开得正艳。现在的主人指引诗人——欣赏这些花儿，可他哪里知道，这些花树都曾经是诗人亲手栽种的呢。诗意具沧桑感，有物是人非之叹。

唐诗中，野杏出现非此一例。如王维《送祢郎中》："孤莺吟远墅，野杏发山邮。"韦应物《自蒲塘驿回驾经历山水》："野杏依寒拆，余云冒岚浅。"窦庠《酬韩愈侍郎登岳阳楼见赠》："野杏初成雪，松醪正满瓶。"薛能《平盖观》："春风开野杏，落日照江涛。"所谓野杏，王维所见在山中，韦应物所见在水边，窦庠是在岳阳楼上所见，薛能看到的是在江边。唐人对杏的认识具有等级观念。京中杏园里是功名花，村庄野杏是思乡花。

寒食忆归

[唐]王建

京中曹局无多事[1]，寒食贫儿要在家。遮莫杏园胜别处[2]，亦须归看傍村花。

【注释】 [1]曹局：官署。　[2]遮莫：即使，假如。

【品析】 这是一首思乡之作。身在异乡为异客，每逢佳节倍思亲，寒食节让在外做官的诗人倍加思乡。杏园里的杏花即使再好看，也必须回到乡里，村边的杏花其实更亲切、更好看。诗人特意选择了时令花杏花来表达两种不同的心情。杏园花是功名的象征，但却不能取代家乡的亲情花。花是一色，情分两途；游子思乡，杏花作证。

忆街西所居

[唐]吴融

衡门一别梦难稀[1]，人欲归时不得归。长忆去年寒食夜，杏花零落雨霏霏。

【注释】 [1]衡门：以横木为门，指简陋的房屋。语出《诗经·陈风·衡门》："衡门之下，可以栖迟。"也指隐者的居所。王维《偶然作六首》之二："田舍有老翁，垂白衡门里。"

【品析】 寒食时节，人的情绪容易低落。诗人忆起去年寒食节时，自己在街西老房子里的情景，于是一腔愁怨倾泻而出。那虽然是旧房子，但他老是梦见它，无数次拟想归去，却总是受限难行。今年的寒食夜与去年一样凄清孤寒，窗外细雨霏霏，杏花落满一地。

此诗写出了春寒之夜有些消沉的心绪和对往事的追念。寒食节因为只许吃冷食，所以更容易让敏感的诗人产生失落感。诗中杏花与春雨意象相伴出现，是唐诗不约而同的写法。到了宋元之后，杏文化出现"杏花春雨江南"的意象组合，而唐诗早已提供了雏形，只是还没有结合稳妥。

"杏花零落"与"雨霏霏"这两个动态的形象具有同构的特性。一是二者在时序上同时出现；二是花落与雨落均飘飘忽忽，形态相似；三是都难免让人产生伤感的情绪。

故乡杏花

[唐]司空图

寄花寄酒喜新开，左把花枝右把杯。欲问花枝与杯酒，故人何得不同来。

【品析】 诗中有一层感情上"得寸进尺"的写法，是表达深情的一种佯谬。在这里，杏花具有拟人的情态，尤其这是来自故乡的杏花，所以他深情地拥抱着它，实际上他拥抱的是乡情与友情。但这些都还不够，诗人感叹，若是故人能亲自驾到，那才能真正让他解愁释怀。

除了借杏花思乡之外，这首诗里还有一个"折花相寄"的看点，过去人们热衷于折梅相寄。作者友人寄来的是杏花，而他还能拥抱入怀，可见是真的寄到了。杏花不坚牢，容易落瓣，远距离相寄更不太现实。只有作者此时离故乡不太远，才有可能。

（三）知己

杏坛、杏花可以成为知音，表现在男性的功名与友情、女性的自拟等方面。杏花相陪日，花红人亦好，然而杏花易逝，总是不能持久，这也成为文人不绝于口的遗憾。

赋陈季张北轩杏花[1]（节选）

[宋]黄庭坚[2]

江梅已尽桃李迟，此时此花即吾友。栏边渐满枝上空，叹息踌躇为之久。荣衰何异人一生，少壮暂时成老丑。

【注释】 [1]原诗较长,这里选读三联。 [2]黄庭坚(1045—1105):字鲁直,号山谷道人,洪州分宁(今江西修水)人。北宋著名文学家、书法家。"苏门四学士"之一,江西诗派开山之祖。有《山谷词》。

【品析】 诗人面对杏花凋落,感叹时光流逝。梅花已落尽,而桃李花未开,此时只有杏花是自己的挚友。你看那栅栏边满地落红,而枝上空无一花,我为友人长叹息。这杏花就如人的一生,眼看他繁花似锦,眼看他落红成阵;眼看他少年意气,眼看他老之将至。

诗人将杏花的盛衰比作人生,人生看起来漫长,时光流逝有时让人感觉迟钝,但若将人生比作杏花,生命的勃发与衰朽就一目了然。所以,"我"是杏花的幻象,杏花是"我"的知己。

酬答复州叶教授[1]

[宋]项安世

竟陵寒尽转春风[2],坛杏株林淑气通[3]。惆怅江陵红白树,年年幽独伴邻翁[4]。

【注释】 [1]复州:今湖北省仙桃市。 [2]竟陵:今湖北天门市。 [3]淑气:指天地间神灵之气。 [4]这一联化用了唐代韩愈《杏花》的首、尾几联:"居邻北郭古寺空,杏花两株能白红。""今旦胡为忽惆怅,万片飘泊随西东。明年更发应更好,道人莫忘邻家翁。""邻翁"意象在杏花诗中常出,如李弥逊《临江仙》:"杏花须记取,曾与此翁邻。"

【品析】 这首诗把"杏坛"一词写成"坛杏",是为了诗歌平仄的格律需要而倒装,说的就是"杏坛上的杏树"。这是一首为叶教授鸣不平的诗歌,说他就像当年的韩愈那样不受重视,邻近杏坛希望有知音之赏,但却得不到提拔。韩愈的《杏花》诗是他从贬谪之地广东回到江陵为官时所作,意在表达不遇之悲。坛杏能与"淑气通",是对叶教授个人学识的肯定。因为"寒气转春风",看来他的命运即将好转,所以诗人写诗安慰他。

春阴书事呈正甫先生^[1]（节选）

[宋]释斯植^[2]

江湖寥落转飘蓬，归梦年年逐去鸿。吟鬓一番春又半^[3]，杏花无语立东风。

【注释】 [1] 全诗共四联，此处为后二联。 [2] 释斯植：字建中，号芳庭，武林（今浙江杭州）人，南宋诗僧。 [3] 吟鬓：叹息鬓发白了。吟，原文作"唫"，叹息，呻吟。

【品析】 这首诗确有南宋"江湖派"诗歌的风味，曾被收入陈起编印的《江湖小集》卷三十六。"杏花无语立东风"一句有禅意，有一种看透江湖、看破红尘、与世无争的洒脱。看来作者也很自得，在另一首诗中还重复用过这个创意。僧斯植《晚来》："晚来无语立东风，一片闲情在碧空。人老杜鹃浑不管，柳花飞尽夕阳红。"这个无语立东风的主体已不是杏花，而是他自己了！

晚唐张泌《浣溪沙》词句中的"杏花凝恨倚东风"算是先声。"凝恨"比"无语"沉重，但不如"无语"值得回味。"倚东风"比"立东风"来得温柔，但"立东风"的表现更酷。后来也有诗人词客忍不住直接借用。如元代张翥《鹧鸪天》："花淡伫，月朦胧。归来无语立东风。汗巾红渍槟榔液，错认窗前唾绣绒。"明代倪岳《墨笔牡丹》："京路缁尘欲满丛，娇羞无语立东风。夜深聊向灯前看，颜色虽殊骨格同。"明代陈昌《棠梨白头公》："唐家羯鼓寝园空，犹有棠梨一树红。幽鸟似关兴废事，白头无语立东风。"

北宋后期毛滂《过净林杏花下微见晓色》："春睡稳人殊未觉，半分晓色到花梢。"这后一句饱含禅意。南宋末年邓剡有一首诗《午坐后亭》："隔帘迟日午风微，社燕惊寒未肯归。读了丹经成默坐，时时一片杏花飞。"这个末句也很有禅意，与这首诗有相通之妙。借杏花解禅的诗，在宋人笔下渐渐多起来，这与宋代的文字禅风习有关。

五色鸚鵡來自嶺表養之禁籞馴
擾可愛飛鳴自適往來於苑囿間方
中春繁杏遍開翔翥其上雅詫容
與自有一種態度縱觀之宛勝圖
畫因賦是詩寫天產乾皋此異
禽遐邇來貢九重深體全五色非
九賀惠吐多言好音飛翥似
怜毛洞賁徘徊如飽稻粱心緗膺紺
趾誠端雅為賦新篇安武吟
丁亥春臨廣生于江州曉齊
其蘭

[现代]于非闇临赵佶《五色鹦鹉》，见于浙江南北 2018 年中国书画拍卖会

临江仙[1]

[金]元好问

醉眼纷纷桃李过，雄蜂雌蝶同时。一生心事杏花诗。小桥春寂寞，风雨鬓成丝。 天上鸾胶寻不得[2]，直教吹散胭脂。月明千里少姨祠[3]。山中开较晚，应有背阴枝。

【注释】 [1]这一组词有十九首，此为第十二首。 [2]鸾胶：传说以凤凰嘴和麒麟角煎的胶，可黏合弓弩拉断了的弦。 [3]少姨祠：少姨庙，在河南禹州城南柏塔山上，正殿供奉夏禹王的两个后妃太姨女娇和少姨女攸姊妹俩，称二姨庙。唐代韦应物《杂言送黎六郎》："钓台水渌荷已生，少姨庙寒花始遍。"北宋黄庶写有《过少姨庙》诗。元好问其他作品也提到过此庙，如《水调歌头》，原有小序："庚辰六月，游玉华谷回，过少姨庙。"

【品析】 这首词可说是元好问对于自己爱写杏花诗的一个"宣言"或"告白"。他生活于黄河流域，是古典时期写杏花诗最多的诗人。因为经历过金代灭亡的伤痛，杏花这种象征着功名事业的娇花常常成为他自我安慰并将其视之为同道知己的精神伴侣。

一生心事杏花诗！这句告白至今读来仍令人肃然起敬！何其微不足道的杏花，竟然会成为他一生放不下的难言心结。这里既可能是他一己私情的影像，也可能是故国山河的象征。"一生心事"不是小事，是一个人最大时间跨度和最强情感张力的表现。元好问用大量杏花诗的创作实践为自己这句诗作了最好的注解。

（四）悼亡

杏花与悼亡关系的建立，是从唐代诗人孟郊开始的，当然，这也与杏花脆弱易逝的生物特性相关。孟郊《杏殇》诗独开了杏文化园地里一个孤僻而沉痛的象征。

杏 殇[1]

[唐] 孟郊[2]

冻手莫弄珠，弄珠珠易飞。惊霜莫翦春，翦春无光辉。零落小花乳，斓斑昔婴衣[3]。拾之不盈把，日暮空悲归。

【注释】[1] 这组诗一共九首，此为第一首。作者有题注："杏殇，花乳也，霜翦而落，因悲昔婴，故作是诗。" [2] 孟郊（751—814）：字东野，湖州武康（今浙江德清）人，中唐诗人。四十六岁才中进士，曾任溧阳县尉。孟郊与韩愈友善，写诗崇尚奇险，史称"韩孟诗派"。孟郊善苦吟，有"诗囚"之称，与贾岛并称"郊寒岛瘦"。有《孟东野诗集》。 [3] 斓斑：又作斑斓，指颜色驳杂多彩。这里指婴儿的花衣服，此处用典。古代二十四孝有"老莱子戏彩斑衣"，讲老莱子年七十，身穿婴儿花衣以娱父母。

花蕊（槐下摄）

【品析】 孟郊有三个儿子，大儿子十岁夭折，另一子也早夭。孟郊五十六岁续娶郑氏，两年后，郑氏所生的幼子又不幸夭亡。韩愈写诗来慰问，孟郊便写下《杏殇》诗以自悲。这组悼亡诗语意沉痛，发情悲切，如"哀哀孤老人，戚戚无子家"。那一把杏花的花乳早已殒落，只留下五彩斑斓的小花衣。就像拾起地上杏花的落英一样，拾在手中，只有一小把。徘徊良久，直到天黑时分，方才悲叹而归。

把早夭的孩子比喻成杏花的花乳，未见前例。所指应是因为杏花花期早，色泽娇嫩，以喻幼儿；杏花不堪风雨，极易摧折，故喻夭亡。如诗中写道："垂枝有千落，芳命无一存。谁谓生人家，春色不入门。冽冽霜杀春，枝枝疑纤刀。"

今存唐代所有的杏花诗中，这种极具个人感情色彩的比拟之作几乎是唯一的。诗人因为对孩子深深的追念，无以寄托悲思；又因长期观察，选择了杏花的花乳来形容幼儿，以此表达自己无以言喻的悲情。因为不能忘怀这种思念，常常有愧于心，孟郊曾作《悼幼子》诗："负我十年恩，欠尔千行泪。"

孟郊的《杏殇》诗对后代有很大影响。如王建《哭孟东野二首》之二："老松临死不生枝，东野先生早哭儿。但是洛阳城里客，家传一本杏殇诗。"宋代郑刚中《和季平哭小女时避地灵峰》："自是杏殇风易蔫，不须惭痛泪阑干。"金代诗人元好问的《清明日改葬阿辛》诗："孟郊老作枯柴立，可待吟诗哭杏殇。"

哭孟寂 [1]

[唐] 张籍

曲江院里题名处 [2]，十九人中最少年。今日春光君不见，杏花零落寺门前。

【注释】 [1] 孟寂：孟郊的堂弟，见孟郊《分水岭别夜示从弟寂》《送孟寂赴举》等诗。诗题一作《哭孟郊》。 [2] 曲江院：唐代长安城东南有曲江池等景点，大雁塔、杏园、慈恩寺等就在附近。新科进士有"雁塔题名"的荣耀。

【品析】 古代诗歌凡是写给去世亲人朋友的诗统称"悼亡诗"，首开于西晋诗人潘岳，所以元稹《遣悲怀》诗说"潘岳悼亡犹费词"，后来以悼念亡妻为主。

孟寂与张籍为同年，贞元十五年（799）一同进士及第。从诗中可知，当年只有十九人考取进士，这个录取比例是相当低的，所以中进士是极其荣耀之事。"雁塔题名"时，孟寂的年纪最小，那是真正的少年得志啊。而今年春天，当我再一次来到杏园时，你已不可能同来了，杏花似乎都已知道这一切，所以在慈恩寺前飘落一地。对你，那是一种怀念；对我，那是一种心痛！这首诗将杏花作为他们人生浮沉的见证者，见花落泪，忆友伤情，所以哭之真，痛之深。

唐宋时代，科举考试的录取率很低。少数人经过多次考试才能考取，更多的则是终生不取。此诗所谓"最少年"，也并非表示他真是少年，只不过他相对其他"同年"而言更年轻一些而已。据《唐摭言》记载，白居易也有"慈恩塔下题名处，十七人中最少年"之句。

和吴中丞悼笙妓（节选）

[唐]李群玉[1]

丽质仙姿烟逐风，凤凰声断吹台空[2]。多情草色怨还绿，无主杏花春自红。

【注释】 [1]李群玉（？—约862）：字文山，澧州（今湖南澧县）人，中唐诗人。有诗才，工书法，好吹笙。举进士不第。后以布衣游长安，因献诗于唐宣宗，授弘文馆校书郎。不久，辞官回乡。其诗善写羁旅之情。有《李群玉诗集》。 [2]典出西汉刘向《列仙传·萧史》萧史吹箫引弄玉成仙的故事。

【品析】 这是一首和诗，也是一首悼亡诗，悼念对象是一位演奏笙的歌女，此处是节选。这位歌女很美，演奏水平很高，但不幸年纪不大就去世了。在诗人看来，她生前所居院子里的春草似乎本意多情，春风一到，越发翠绿；而门前那一株杏花却并不知情，主人早就不在了，可它还是开得那样一团艳红，真有些"天真烂漫"的感觉。

诗人想说的是，这位歌女的离去，大家都很悲痛，杏花在这里被诗人视为无情者的象征，因为它的主人都不在了，它还有心情在那里绽放。事实上，人自有情，草木无情，又何怨哉！

诗人常常戴着有色眼镜看世界，认为花草应该都是有情者，能解笑解语，可是面对变故与悲痛时，它们好像无动于衷，寡情薄义。如杜甫《江畔独步寻花七绝句》之五："桃花一簇开无主，可爱深红爱浅红。"白居易《重到毓村宅有感》："欲入中门泪满巾，庭花无主两回春。"刘长卿《过包尊师山院》："杏花谁是主，桂树独留君。"潘佑《失题》："谁家旧宅春无主，深院帘垂杏花雨。"又如宋人戴复古《淮村兵后》："小桃无主自开花，烟草茫茫带晚鸦。"

清明日曲江怀友

[唐]罗隐

君与田苏即旧游[1]，我于交分亦绸缪[2]。二年隔绝黄泉下，尽日悲凉曲水头[3]。鸥鸟似能齐物理，杏花疑欲伴人愁。寡妻稚子应寒食，遥望江陵一泪流。

【注释】 [1] 田苏：春秋时期，晋国贤人，后借指贤德长者。白居易《题崔少尹上林坊新居》诗："若能为客烹鸡黍，愿伴田苏日日游。" [2] 绸缪（chóumóu）：意思是紧密缠缚，连绵不断，情意殷切。白居易《哭刘尚书梦得二首》之一："四海齐名白与刘，百年交分两绸缪。" [3] 曲水：曲江池。

【品析】 在诗人看来，清明时节，当他思念故去的朋友时，水中的鸥鸟似乎都懂得生离死别的道理，杏花也疑似为他分忧。鸟与花本是无情之物，但此时它们却能够与诗人进行感情上的交流。这其实是诗人思人太过，将自己的愁绪投射到眼前事物的结果，正所谓"登山则情满于山，观海则意溢于海"。于是，他思人则鸥鸟亦明理，他怀友则杏花也解愁。

三、类比意蕴

（一）花木：梅、桃、柳

杏花只是春花之一种，要想获得独特的审美意义，必须要有与众不同的特色，因而有了"梅杏争春""桃杏争春"两个连贯的主题。杏是梅的奴婢，杏是桃的伴侣，由此诗人词客吟咏不休。当然杏还另有梅、桃不具有的"杏花耕""杏饧"等象征意义。

梅、杏与柳也都有形影不离的诗意相伴，如"云霞出海曙，梅柳渡江春""绿杨烟外晓寒轻，红杏枝头春意闹"等，无论梅与杏、与柳相配，既有时令的相同，与色泽的对比，更有比德高下之分。

1. 梅与杏

梅与杏，是一对如影随形、难解难分的中国花卉，无论在文化史上，还是现代生活中，不仅"北人不识"梅，把梅花当作杏花看，南人也常弄错。梅花与杏花，时令相近，花叶相似，果实相类，所以才不易分辨。想要区分，方法很简单，除了时令有先后、分布有南北之别外，观察它们的花萼即可。梅花开时，五片红色花萼紧贴花瓣不分离；杏花开时，五片红色花萼与花瓣分离且向外翻折。

从宋代开始，文人就将梅推为高士，将杏视作俗客，"梅雅杏俗"的观念由此形成。不过也偶有文人说出了实话，回避了偏见。如晏几道《临江仙》："风吹梅蕊闹，雨细杏花香。"原来梅花也闹腾，杏花也清香！

红 梅

[宋]王安石

春半花才发，多应不奈寒。北人初未识，浑作杏花看[1]。

【注释】[1]浑作：混同。看：这里读作平声"kān"，见平水韵"上平十四寒"。这是一个值得注意的现象。如李白"遥看瀑布挂前川""相看两不厌，只有敬亭山"、杜甫"晓看红湿处""闺中只独看""今春看又过，何日是归年"、韩愈"草色遥看近却无"、白居易"共看明月应垂泪，一夜乡心五处同"、李商隐"青鸟殷勤为探看"、苏轼"横看成岭侧成峰""明月明年何处看"等常见诗句中的"看"字均作平声。

【品析】这是一首写梅花的诗，杏花成为一个陪衬。春天都过了一半，红梅才开花，看来它并非耐寒之物。北方人第一次看到红梅时，一般都会错把它当成杏花。

梅与杏在植物学上均为蔷薇科杏属植物，花、叶、果略相似。但是，梅不耐冷，主要生长于淮河以南的广大地区；杏的主产区则是黄河流域，在河北、内蒙古、甘肃、新疆一线也广泛栽培。梅于冬春之际开花，其时南方一般在零摄氏度上下，有时可以顶雪盛开，所以给艺术家留下了"梅花香自苦寒来"的印象。而杏花的花期比梅花稍迟，在农历二月中。北方原无梅花，所以北方人来到南方看见梅花，把它误认作杏花，实属情有可原。

杏花自来就"俗"，白居易有诗"杏俗难为对，桃顽讵可伦"。在宋代人的眼中，杏花既然不耐寒，开起来又常常是一团"繁杏"，与"疏梅"形成鲜明对比，逐渐形成了"梅雅杏俗"的观念。可别把王安石诗中所说的北人"误梅为杏"看成是一个笑话。其实他想说的是，你把高洁的梅花当成艳俗的杏花，真是没有眼光啊！

这样的宋诗有不少，反映了宋人普遍的"崇梅贬杏"观念，王安石这首小诗可以说是郑重开了一个头。他在《西江月·红梅》词里还重复写过："北人浑作杏花疑，惟有青枝不似。"比王安石略早的梅尧臣《红梅篇》就已发先声："南庭梅花如杏花。"比王安石稍晚的王洋《和向监庙红梅》也开始着意于这种观念："南人误种桃李栏，北人疑作杏花看。"北人把桃李与杏也混作一物了。辛弃疾《洞仙歌·红梅》："更总做，北人未识伊。据品调，难作杏花看待。"楼钥《红梅》："南枝零落北枝残，失喜新葩苦耐寒。莫道北人浑不识，南人几作杏花看。"武衍《杏花》："香肌元是多丰腻，错把红梅看作他。"邓深《官舍梅树》："昔尝笑北人，浑作杏花睹。认桃无绿叶，吾不事

［现代］胡汀鹭《红杏图》，见于北京保利 2017 年中国书画精品拍卖会

斯语。吾本待以梅，恨不辨红素。"所引此诗后两联语出北宋石延年《红梅》："认桃无绿叶，辨杏有青枝。"诗中提供了一种辨认梅杏不同的标准：梅有青枝，即所谓"苔枝缀玉"（姜夔《疏影》），而杏无青枝。因此，宋末汪元量《醉歌》有："北人环立阑干曲，手指红梅作杏花。"金代李石《梅花》云："零落孤根玉雪团，天孙剪月试天寒。凡间讳白骄红紫，却把梅花作杏看。"

瓶中梅杏二花[1]

[宋]杨万里

梅花耿耿冰玉姿[2]，杏花淡淡注燕脂。两花相娇不相下，各向春风同索价。折来双插一铜瓶，旋汲井花浇使醒。红红白白看不足，更遣山童烧蜡烛。

【注释】 [1]此诗押韵比较独特，每一联内自押韵、同平仄。 [2]耿耿：明亮，鲜明。

【品析】 梅花看上去色泽明亮，冰清玉质；杏花的色彩中涂抹了一层淡淡的胭脂。两种花都娇美动人，都在春天到来之时，各自展示自己的芳姿。

梅花与杏花的风味不同，一个清，一个艳，但它们都向春风兜售着自己的美丽，希望春天能够给予自己最好的评价。杨万里这种梅杏审美观是比较公允的，他纠正了时人抬高梅花、贬低杏花的固有观念，认为梅杏各有特色，不必偏颇。陆游《冬晴行园中》之二："杏繁梅瘦种性别，一气生杀均天机。"杏花繁盛、梅花清瘦只不过是物种与天气使然，陆游此诗也意在说明梅花与杏花在审美情趣上并没有高下之分。

将杏花的红比喻成"胭脂"，其来有自。北宋王安石《杏园即事》："蟠桃移种杏园初，红抹燕脂嫩脸苏。"又有《陈桥》："杨柳初回陌上尘，烟脂洗出杏花匀。"苏轼《蝶恋花》："杏子梢头香蕾破，淡红褪白胭脂涴。"黄庭坚《次韵清虚同访李园》："稍见燕脂开杏萼，已闻香雪烂梅枝。"相对而言，使用这一意象的，南宋诗人比较多。如范成大《秦楼月》词称为"燕支"："拂墙浓杏燕支湿，燕支湿。花梢缺处，画楼人立。"朱淑真《杏花》："浅注胭脂剪绛绡。"滕岑《杏花》："君家两杏闹春色，浓淡胭脂染不齐。"俞桂《春咏》："杏花已露胭脂色，燕子如何却未归。"曾几《独步小园四首》之三："谁将山杏胭脂色，来作江梅玉颊红。"金代元好问《清平乐》有"只愁吹破胭脂""胭脂杏蕾生红"词句，这些都是着眼于杏花的红色。

谢潘端叔惠红梅[1]

[宋]楼钥[2]

诗老为花空自忙，想应未识此奇芳。青枝绿叶何须辨，桃杏安能如许香。

【注释】[1]潘端叔：名友端，字端叔，今浙江上虞人，宋孝宗淳熙十一年（1184）进士，官太学博士。朱熹有文《答潘端叔》。 [2]楼钥（1137—1213）：字大防，号攻媿（同"愧"）主人，鄞县（今浙江宁波）人。隆兴元年（1163）进士及第。曾出使金朝，作《北行日录》。有《攻媿集》。

【品析】《谢潘端叔惠红梅》是组诗，一共二十首，这是第十七首。诗人们为花忙得不亦乐乎，为何还不能辨认梅花呢？所谓"认桃无绿叶，辨杏有青枝"，其实不必这样去费力。若从香气上去判断，就立刻能认出梅花来，因为桃花与杏花不管怎样妖艳，都不可能比得上梅花的清香那样吸引人。

清香是梅花区别于其他花色的本质特征，这是宋代文人建立起来的审美标准。桃花、杏花的香气都太艳俗了一点。王安石其实也认可梅花的"暗香"（"遥知不是雪，为有暗香来"），不过在《红梅》那首诗中没有点明。

这组诗中有好多首都在强调梅花的香气。除了这里的第十七首之外，如第二首："何似烟脂天赐与，暗香犹在是耶非。"第四首："说似旁人刚不信，清香万斛在花中。"第十五首："客来试与倚栏干，拂拂清香触鼻端。"第十八首："只说梅花似雪飞，朱颜谁信暗香随。"可见这一组诗几乎就是"梅花香诗"。

认可梅花香气的诗很多。如方岳《陈汤卿致绍梅》："林下风流自一家，纵施朱亦不奢华。冷香犹带灞桥雪，不比春风桃杏花。"这首诗在赞赏梅花的"冷香"时，还不忘捎带评点梅花的雪白冰肌远胜过桃杏的红艳。当然，桃杏的"暖香"

也比不过梅花的"冷香"。不过，如施枢《闺思》的诗句"落梅香断无消息，一树春风属杏花"则是比较客观的另一种看法，肯定了"梅花香"与"杏花香"可以各领风骚，梅花香断后，杏花正登场。

社　日
[宋]方岳[1]

　　燕子今年揹社来[2]，翠瓶犹有去年梅。丁宁莫管杏花俗[3]，付与春风一道开。

【注释】[1]方岳（1199—1262）：字巨山，号秋崖，又号菊田，祁门（今属安徽）人，南宋诗人、词人绍定五年（1232）进士，曾知袁州、抚州等，后隐居不仕，以诗名世。有《秋崖集》。　[2]揹（kèn）：方言词，按，卡。　[3]丁宁:叮咛，反复地嘱咐。杜甫《漫兴》:"即遣花开深造次，便觉莺语太丁宁。"

【品析】梅花当然是高雅的象征，杏花是俗了点，可诗人有意雅俗共赏，不分轩轾。他的出发点是好的，没有嫌弃杏花的意思，但杏花是俗物的观念却是根深蒂固的。

　　与梅花相比，杏花艳俗，这是宋人普遍的认识。如梅尧臣《梅花》:"已先群木得春色，不与杏花为比红。"不与杏花比

[清]王武《杏花飞燕》(局部），见于北京保利2014年秋季拍卖会

颜色，是看不起杏花的意思。又如周邦彦《玉团儿》："妍姿艳态腰如束。笑无限、桃粗杏俗。"李若水《红梅》："自怜冰雪志，猥与桃杏并。"郭印《栽梅再和》之八："欲把群葩次第分，桃粗杏俗未应论。寒梢清绝世无比，且趁繁开倒绿樽。"陆游《二月十六日赏海棠》："溪梅枯槁堕岩谷，山杏轻浮真妾媵。"杏花已成"妾媵"，真的已经没有地位了。释宝昙《和红梅》："地近恐遭繁杏污，月明先遣暗香来。"这个"恐遭繁杏污"的说法更让杏花无地自容了。再如李曾伯《声声慢·赋红梅》："较量尽，胜夭桃轻俗，繁杏粗肥。"黄庚《梅花》："蜂蝶只贪桃杏艳，嫌花冷淡不飞来。"

二月五日西郊口占[1]

[宋] 周端臣[2]

晴日西郊按物华，东风寒峭帽檐斜。江梅已办调羹事[3]，交割春光与杏花[4]。

【注释】 [1] 西郊：指临安城（杭州）的西郊。口占：同"口占一绝"，即随口作一首绝句。　[2] 周端臣：字彦良，号葵窗，建业（今江苏南京）人，南宋词人。宋光宗绍熙三年（1192）寓临安。著有《葵窗词稿》，已佚。　[3] 这一句是说，此时梅果已初长成（指青梅），可以作为调味的佐料。　[4] 交割：移交，转交。

【品析】 晴朗的初春，都城的西郊外春意渐浓。寒冷的东风吹过，将帽子都吹歪了。梅树上已经结了青青的果实，青梅可以和"煮酒"一起调剂生活。这时节，春光正从梅花的手里被悄悄地移交到杏花的手上，你看那杏花开得多好啊！

韩元吉《又溪山堂次韵四首》之四有："梅子青青杏子红，绕城荷叶已掀风。"梅青杏红是季节变换的象征，但如何将这个象征写得更生动形象，不同的诗人有不同的方法。韩元吉的写法太直白了，相比而言，周端臣这首诗中"交割春光与杏花"一句味道新鲜。

梅洲晓雪[1]

[清] 虞邦琼[2]

遥空玉蕊点烟峦[3]，面面瑶光趁晓寒。驴背不愁诗思冷[4]，雪花都作杏花看。

【注释】 [1] 梅洲晓雪：清代"杏花村十二景"之一，位于安徽贵池杏花村里有梅林洲，明清时梅花繁盛。此诗选自郎遂编（1919）《杏花村志》刘世珩刻本卷首。 [2] 虞邦琼：清代康熙年间人，曾任池州府青阳县令。 [3] 烟峦：指云雾笼罩的山峦。 [4] 此句指古人在驴背上构思写诗，典出李贺骑驴游吟的故事。如陆游《剑门道上遇微雨》："此身合是诗人未？细雨骑驴入剑门。"

【品析】 这是一首写雪中梅花的诗。诗中的"玉蕊""瑶光"都既指白色的雪花，又指白色的梅花。

《杏花村志》（刘世珩刻本）插图《梅洲晓雪》

杏花村里的"梅洲晓雪"是取梅雪相融的景致。这样的诗历代都有很多，如宋末诗人卢梅坡的名篇《雪梅》："梅须逊雪三分白，雪却输梅一段香。"把梅雪各自的特色都写出来了。

写杏花村"梅洲晓雪"的这首诗，妙处在最后一句"雪花都作杏花看"。诗人的意思是，这么冷的天气，真的让人无法产生好的诗思啊，不过没关系，不妨将漫天飞舞的雪花看成杏花，那么眼前就会焕发出一片生机。这个联想的推动力来自杏花村的背景暗示。梅雪相融虽然好看，但颜色似乎单调了一点，不如把洁白雪花看成"白白红红"的杏花，则诗思一下就会活跃起来。

2. 桃与杏

桃与杏的区别在于，桃花比杏花开放时令稍晚，但它们之间的花形、花色都很相似，一般来说，桃花花瓣略大、颜色略深。区别桃与杏的最好角度是，杏花开时，不带叶片；桃花开时，青叶半枝头。宋代石延年"认桃无绿叶，辨杏有青枝"的说法是很准确的，他是说，可别把梅花当成桃花，因为桃花是带叶开的，而梅花开时并无叶片。

桃杏开放，是春天的象征，而"桃杏争春"的主题在唐代即已出现，但它们争的只是颜色的深浅、时令的先后和热闹的程度，而非品格的高下，只是自宋代以来，"杏俗桃艳"的观念才把它们归为档次较低的一类，即所谓"红杏可婢桃可奴"才成了品性的譬喻。有时李花也被纳为一族，如"桃李花开，一树胭脂一树粉"等。桃杏还有仙物的意义等。

和袭美扬州看辛夷花次韵

[唐] 陆龟蒙[1]

柳疏梅堕少春丛，天遣花神别致功。高处朵稀难避日，动时枝弱易为风。堪将乱蕊添云肆，若得千株便雪宫。不待群芳应有意，等闲桃杏即争红。

【注释】 [1] 陆龟蒙（？—约881）：字鲁望，号天随子、江湖散人、甫里先生等，姑苏（今江苏苏州）人。曾任湖州刺史、苏州刺史幕僚，后隐居松江甫里（今甪直镇）。著有《甫里先生文集》，另有小品文集《笠泽丛书》。诗题中的"袭美"即诗人皮日休，袭美是他的字。

【品析】 这首诗写的是辛夷花，辛夷花即紫玉兰，这里指白玉兰花（"雪宫"）。梅柳渐疏时，辛夷花正开放。枝高花大，容易招风；远看如云，多聚似雪。它开得早，芳菲得意。及至衰败，桃杏上阵，争红赛艳。

玉兰花期略早于杏花，刘长卿有诗（或作钱起诗）"辛夷花尽杏花飞"。梅花略早于杏花，有"梅杏争春"之说；杏花略早于桃花，自唐以来又有"桃杏争春"的主题。梅杏争春，梅雅杏俗；桃杏争红，品格一般。五代李中有一首《桃花》："只应红杏是知音，灼灼偏宜间竹阴。"红色的桃花、杏花可以开在绿竹间，颜色搭配最相宜。

"桃杏"连称的意象，往往构成同一的意境，即春景，唐诗中几无例外，所以言及桃杏，只取共性而忽略了它们的个性。诗中的"桃杏争红"看似都是一样的红，其实不然，这是自唐之后"桃杏争春"观念的早期表达。争春，是桃杏共同营造春天之后，因为花期有先有后，为了获得个体优势的主动出击。晚唐陆龟蒙的诗算是先声："不待群芳应有意，等闲桃杏即争红。"宋诗中就比较常见，如北宋张耒有诗"寄语桃杏莫相猜"、释行海有诗"几处池塘初解冻，一时桃杏又争春"等。又如王十朋《二郎神》："笑繁杏夭桃争烂漫。"孙应时《新濮见桃杏书事》："今晨明客眼，桃杏照江红。"姚述尧《浣溪沙》："芝田绛节拥仙翁，数枝桃杏斗香红。"赵汝鐩《乍晴》："池塘展晴绿，桃杏斗春红。"这些都是明确二者争红的诗。也有的诗写到"桃杏争春"时比较含蓄，如舒邦佐《春日即事五首》之三："桃杏酣酣著意红，当时只要嫁东风。"

丙午寒食观梨花[1]（节选）

[宋]强至[2]

天姿必欲贵纯白[3]，红杏可婢桃可奴。君诗险绝不容和，梁园骋思惭相如。

【注释】 [1]这是一首七言长诗，这里选了最后两联。题目为此处所加。[2]强至（1022—1076）：字几圣，钱塘（今浙江杭州）人。仁宗庆历六年（1046）进士，历官东阳令、三司户部判官等。有《祠部集》，已佚。 [3]这一句是说梨花的。

【品析】 这首诗的作者请好友来压沙寺里欣赏梨花，苏辙因故未能参加。这里所选的两句诗赞赏了梨花纯白的品质，相比之下，诗人认为，红杏与桃花只配做奴婢了。这是为衬托梨花的高洁，而桃杏与梅花的比较亦复如是，宋人认为梅花高洁，桃杏艳俗。

宋代诗人眼中的桃、杏品格普遍不高。扬无咎《于中好》："墙头艳杏花初试，

[清]余穉《杏花图》（左）和《桃花图》（右）（故宫博物院藏）

绕珍丛、细接红蕊。欲知占尽春明媚，诮无意、看桃李。"又如陈造《出郭》"夭桃艳杏虽已过"、陈造《早春十绝呈石湖》"杏羞桃涩要诗催"等都是一样的论调。

杏　花

[宋]朱淑真[1]

浅注胭脂剪绛绡[2]，独将妖艳冠花曹[3]。春心自得东皇意[4]，远胜玄都观里桃[5]。

【注释】[1]朱淑真：号幽栖居士，又作朱淑贞。钱塘（今浙江杭州）人，南宋女词人。有《断肠词》。　[2]绛绡：红色绡绢。绡为生丝织成的薄纱、细绢。这一句中"浅注"有的版本作"浅淡"。　[3]花曹：群花。　[4]东皇：指司春之神。　[5]玄都观里桃：语出唐刘禹锡《戏赠看花诸君子》："紫陌红尘拂面来，无人不道看花回。玄都观里桃千树，尽是刘郎去后栽。"多年后，他还作有此诗的姊妹篇《再游玄都观》："百亩庭中半是苔，桃花净尽菜花开。种桃道士归何处，前度刘郎今又来。"玄都观是唐代长安的一座道观。

【品析】 这首诗把杏花与桃花做了另一个层面的对比。杏花浅红色的花瓣就像是用红色的细纱剪裁出来的，它以妖艳的神态独占花魁。因为自从得到春神的眷顾，杏花的芳心早已萌动，那玄都观里的桃花哪里能与杏花相提并论呢。

这首诗认为杏花的妖艳胜过桃花，原因是杏花得到了"东皇"的旨意，即春风的吹拂在先。之所以选择刘禹锡笔下的"玄都观里桃"来作比，也许与刘禹锡因当年政治原因得不到皇上谅解的悲剧命运有关。

桃 花
[宋]华岳[1]

红雨随风散落霞[2]，行人几误武陵家[3]。牧童若向青帘见[4]，应认枝头作杏花。

【注释】 [1]华岳：南宋诗人，生卒年不详，字子西，贵池（今属安徽）人。[2]红雨：指落花，桃花、杏花因为都是红色的，所以形容其飘落的形态为红雨。李贺《将进酒》诗："况是青春日将暮，桃花乱落如红雨。" [3]武陵家：指桃花源。 [4]青帘：酒旗。

【品析】 这首诗虽然写的是桃花，但结尾一句转得好。桃花随风飘落，有如随地散落的晚霞，行人经过此地，误认为进入了桃花源里。如果牧童看见了前面的酒旗，一定会将枝上的桃花当成杏花呢。

这首诗写到了两个"误解"：一是行人误以为自己到了桃花源；二是牧童误以为桃花是杏花，以为自己走进了杏花村。第一个误解的产生，是因为桃花开得极好。第二个误解是因酒旗的飘动让人产生了错觉，而产生错觉的深层原因还有，桃花杏花一样红！如苏辙《次韵子瞻山村五绝》之一说得更好："山行喜遇酒旗斜，无限桃花续杏花。"仇远《寒食游陈园》："梨花李花白斗白，桃花杏花红映红。"原来杏花桃花先后开，一路桃杏相续来。桃花源里自有乐，借酒解愁唯杏花。

〔清〕周淑禧《杏花山雀图》，见于中国嘉德 2015 年秋季拍卖会

浮桃涧[1]

[宋] 陈岩[2]

庐山董凤曾栽杏[3]，凤岭知微亦种桃[4]。怕有人来问前古，涧中不肯放渔舠[5]。

【注释】[1] 浮桃涧：在安徽池州九华山。 [2] 陈岩：字清隐，青阳（今属安徽）人。宋末屡举进士不第，入元，隐居不仕，筑室于所居高阳河，日啸歌其内。出则遍游九华之胜，至一处则作一诗纪之，名《九华诗集》一卷。 [3] 董凤：指董奉。 [4] 知微亦种桃：赵知微入九华山修道，在凤凰岭延华观传道，并在山岩下种桃千株。陈岩《九华诗集》原注："悬水西南，昔赵知微植桃千株，于中峰之北。乡人于涧下获桃，有致富者。亦名余桃涧。" [5] 舠（dāo）：小船。

【品析】 这首诗是诗人在安徽九华山所写。"董奉种杏"在诗中是作为一个典故出现的，道教文化中"董奉种杏"与"知微种桃"的传说具有很强的类比性。后一联是说，怕有外人来九华山打听以前的故事，所以溪水中连一条小船也不肯放置。

这首诗化用了陶渊明《桃花源记》中的传说："晋太元中，武陵人捕鱼为业。缘溪行，忘路之远近，忽逢桃花林。"桃花源就是渔民发现的，为了不让外人知

[明]沈周《杏花燕子图》（台北故宫博物院藏）

道这里有一个桃花源般的美好世界，所以不放小船下水，让外人无路可入。

杏与桃都是仙物。元稹有诗："祇园一林杏，仙洞万株桃。"有的诗用典故"种杏"对仗"偷桃"，表示求仙之意。如程公许《拟玉溪体赋醴泉墅海棠》："长笑董仙痴守杏，可怜曼倩坐偷桃。"曼倩即西汉的东方朔，据说他曾三次偷食了西王母的仙桃。

3. 柳与杏

杨柳与杏花是自然天成的一对文学意象，因为时令相同，且有红与绿的色差、静与动的比照，诗人词客特别喜欢将之连对吟颂。如宋陈克《浣溪沙》："万事悠悠生处熟，三杯兀兀醉时醒。杏花杨柳更多情。"又如宋俞国宝《风入松》："红杏香中箫鼓，绿杨影里秋千。"陆游《小舟过御园》诗有"绿杨闹处杏花开"，谁在"闹"呢？当然是"红杏枝头春意闹"。

柳
[宋] 寇准[1]

晓带轻烟间杏花，晚凝深翠拂平沙。长条别有风流处，密映钱塘苏小家[2]。

【注释】 [1]寇准（961—1023）：字平仲，华州下邽（今陕西渭南）人。北宋政治家、诗人。太平兴国五年（980）进士，曾任宰相。北宋"澶渊之盟"的主政者。有《寇忠愍诗集》。 [2]苏小：苏小小（479—约502），南朝齐的著名歌伎。苏小小自小能书善诗，但不幸幼年时父母双亡，寄住在钱塘西泠桥畔的姨母家。死后葬在西泠桥畔，上题"钱塘苏小小之墓"。家，指苏小小墓。白居易、李贺都写过关于苏小小的诗文。

【品析】 柳与杏花能成为相伴出现的诗词意象，有三点现实的逻辑支撑：一是柳芽与杏花都是早春的报信者；二是大多生长于水边堤上；三是两者色彩有较大的反差，如"绿柳红杏"或"绿杨红杏"，容易引起诗人的注意。这首诗中与"杏花"对比的颜色是"深翠"。柳是一片常绿，诗要引到美人苏小小的主题上去，诗人便引一朵杏花作为深绿背景的点缀。

寇准还有《江南春》词："波渺渺，柳依依。孤村芳草远，斜日杏花飞。"此处是将杏花与柳一道吟称的。其中"孤村芳草远，斜日杏花飞"是一联名句，所谓"斜日"即斜阳、夕阳，化用了晚唐温庭筠《菩萨蛮》："雨后却斜阳，杏花零落香。"

春日郊外

[宋] 李若水 [1]

谁家临水亚朱扉 [2]，楼外风闲柳线垂。昨夜濛濛春雨小，杏花开到背阴枝。

【注释】 [1] 李若水（1093—1127）:原名若冰，字清卿，洺州曲周（今属河北）人。靖康元年（1126）为太学博士，官至吏部侍郎，曾奉旨出使金国。靖康二年（1127）随宋钦宗至金营，怒斥敌酋完颜宗翰，不屈被害。南宋追赠观文殿学士，谥忠愍。有《李忠愍公集》。 [2] 亚：低垂。

【品析】 春雨天气暖，杏树喜开花。如北宋张耒《新春》诗："昨夜园林新得雨，杏梢争放晓来红。"春雨滋润花开，但春雨又会打落花瓣，杏花与春雨是一对"欢喜冤家"。这首诗末句的独到之处是，将杏花对天气的敏感写得很细腻。一棵杏树，朝阳一面都早已开花，背阴的枝条，因为很少受到阳光的照射，竟然还没有开花。而夜来春雨，带来些许温暖，让背阴的枝条一夜之间花发满枝。与其说杏花敏感，不如说诗人观察仔细，所以写出了好诗。

一树花开有先后，这是自然现象，诗人早有发现。初唐时李峤《梅》："大庾敛寒光，南枝独早芳。"注家说："大庾岭上梅，南枝落，北枝开。"北宋晏几道《虞美人》："小梅枝上东君信。雪后花期近。南枝开尽北枝开。"他发现梅花是南枝开完了花北枝才开。李若水生活于北宋后期，比晏几道略晚。李若水之后此观念几乎尽人皆知。如李清照《玉楼春》："红酥肯放琼苞碎，探着南枝开遍未？"黄公度《一剪梅》："占断孤高，压尽芳菲。东君先暖向南枝。"王炎《除日出江上迓赵宪》："今年江上春信早，剩有梅花开北枝。"白玉蟾《早春》："南枝才放

杏花开到背阴枝（槐下摄）

两三花，雪里吟香弄粉些。"李曾伯《又和答云岩》："翠箔香销昨梦回，惊残楼角动寒梅。夜来颇觉风霜薄，问讯南枝开未开。"南宋末年翁卷《舍外早梅》："行遍江村未有梅，一花忽向暖枝开。"安徽和县有一株宋代栽种的古梅，称"半枝梅"，常常是花发半枝，估计与天气有一定的关系。以上所引"南枝开"的诗词都写的是梅花，将"南枝开后北枝开"观念引进杏花诗，李若水是较早的。

除了梅花与杏花有"南枝开后北枝开"的现象，唐宋诗中还有类似的表达，如中唐元稹《和乐天早春见寄》："萱近北堂穿土早，柳偏东面受风多。"北宋苏麟《断句》："近水楼台先得月，向阳花木易逢春。"

春　晚
[宋] 方岳

青梅如豆带烟垂，紫蕨成拳着雨肥[1]。只有小桥杨柳外，杏花未肯放春归。

【注释】[1] 紫蕨：指蕨菜。蕨初生如蒜苗，无叶，上端似小儿拳，故曰拳菜，紫黑色。

【品析】 春烟如雾，树上的青梅有豆子般大了，雨后的蕨菜长势喜人，叶子肥厚，已成拳头形。小桥边杨柳青青，杏花开得正好，它想把春留住，哪里肯放春天归去！

诗中"青梅如豆"与"紫蕨成拳"对得非常工整，恰好是时令的象征。青梅如豆时，杏花春意浓。末尾一句非常有诗味，杏花为了展现自己的风采，不肯让春天归去，写出杏花的生机与短暂，甚至有一层调皮、撒娇的韵味。

范成大有《题张氏新亭》："叶底青梅无数子，梢头红杏不多花。"青梅结子的时候，杏花花期即将结束，此时正是清明时节，所以方岳的诗说"杏花未肯放春归"，是非常形象的比拟。

绝　句

[宋] 释志南[1]

古木阴中系短篷，杖藜扶我过桥东[2]。沾衣欲湿杏花雨，吹面不寒杨柳风。

【注释】 [1] 释志南：南宋诗僧。朱熹曾为其诗卷作跋。释志南有诗《接晦庵荐志南书有作》："上人解作风骚话，云谷书来特地夸。杨柳杏花风雨后，不知诗轴在谁家。" [2] 杖藜：拄着手杖行走。藜，野生植物，茎坚韧，可为手杖。

【品析】 这是一首描写清明时节风景的名篇，被选进《千家诗》，也常见于中学语文读本。这首诗用"杏花雨"与"杨柳风"两个意象，营造出春风乍暖、杏花初放的温湿意境。杏花与雨的组合，杨柳与风的组合都是自然天成的设计，雨中杏花正娇艳，风中杨柳更婀娜。

寒食、清明时节，杏花与春雨的关系往往是客观对应的，也逐渐成为主观的认定，这在唐宋诗词中都是常见的搭配。方岳《次韵赵端明万花园》四首之四："鹤城半掩人未归，数点春愁杏花雨。"《东西船》："沙头漠漠杏花雨，依旧年时樯燕语。"春雨易生愁，"无边丝雨细如愁"（秦观《浣溪沙》），雨中杏花愁更浓。胡仔《春寒》："小院春寒闭寂寥，杏花枝上雨潇潇。"

（二）鸟类：莺、燕、鸠

诗人的笔下，与杏花成对出现的鸟类较多，有的是人为的比照，比如杏花与白鹅、白鹇、白鸽的同出，而更多的则是自然现象。"红杏枝头春意闹"真正产生"闹"效果的是一群鸟虫，如莺、燕、鸠、杜鹃、伯劳、鹦鹉、鸳鸯、喜鹊、蜂、蝶等，这些意象在杏花题材的诗画中出现的频率都较高。现就莺、燕、鸠三种鸟类选读作品若干。

1. 莺与杏

黄莺（鹂）鸟是杏花枝上的常客，是"春意闹"的主角，是杏花首要的诗意伴侣。莺鸟与杏花是一动一静的美学表现，莺鸟穿越花枝，杏花绽放枝头。诗人眼中，莺的叫声可以唤醒花的芳心，花飞其实不是花飞，而是对莺声的呼应，为之舞蹈、为之坠落。

莺与杏，可比燕与杏，都是色彩的天然搭配，黄红相间、黑红比对，分外惹眼，这也是艺术家特别感兴趣的视角，相关诗词不胜枚举。如宋代朱敦儒《西江月》词："娇莺声袅杏花梢，暗淡绿窗春晓。"宋末陈允平《小重山》："莺声里，春在杏花梢。"明代唐寅《题杏林春燕二首》，一首写"燕子归来杏子花"，另一首写到黄鹂鸟："红杏梢头挂酒旗，绿杨枝上啭黄鹂。鸟声花影留人住，不赏东风也是痴。"

春日书怀

[唐] 赵嘏[1]

暖莺春日舌难穷，枕上愁生晓听中。应袅绿窗残梦断，杏园零落满枝风。

【注释】 [1] 赵嘏（gǔ）（约806—约853）：字承佑，楚州山阳（今江苏淮安）人，晚唐诗人。生于唐宪宗元和年间，年轻时四处游历，武宗会昌四年（844）进士及第。有名诗《江楼感旧》："独上江楼思渺然，月光如水水如天。同来望

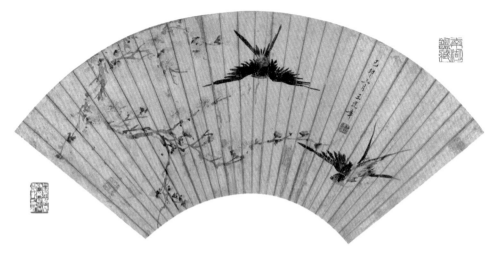

[明]陈淳《杏花燕子图》

月人何处？风景依稀似去年。"还因名句"残星几点雁横寒，长笛一声人倚楼"被杜牧称赞为"赵倚楼"。

【品析】 春日的夜晚，诗人做了一个朦胧的功名梦，梦见自己为了功名在窗前苦读，正要实现自己的愿望时，却被饶舌的莺声惊醒，实在令人懊恼。杏园花开时，能宴杏园中，这是唐代文人的理想。诗人赵嘏考中进士前，经历曲折，心有所思，夜有所梦，所以他梦见自己苦读备考就一点也不奇怪了。

美梦被人打破确是很煞风景之事。唐代诗人金昌绪有一首《春怨》："打起黄莺儿，莫教枝上啼。啼时惊妾梦，不得到辽西。"这首诗写一个女子的美梦被鸟叫声打破，因为她在梦中正欲前往遥远的辽西，去见在前方服役的心上人，可是，这只不解风情的黄莺鸟吵醒了她，于是她便起身将鸟儿打跑，不许它在附近的枝上啼叫。与赵嘏的梦相比，梦虽有别，愁属一端。

莺鸟与杏花常是一对。如刘长卿《过郑山人所居》："寂寂孤莺啼杏园，寥寥一犬吠桃源。"权德舆《杂言和常州李员外副使春日戏题十首》之一："随风柳絮轻，映日杏花明。无奈花深处，流莺三数声。"陈允平《菩萨蛮》："杏花枝上莺声嫩。"

杏 花

[唐]司空图

诗家偏为此伤情,品韵由来莫与争。解笑亦应兼解语,只应慵语倩莺声[1]。

【注释】 [1]慵语:指莺叫声,莺声清脆、圆润。倩,同"请"。

【品析】 这首诗用拟人手法写出杏花的活性品韵,是唐诗中将杏花品味拔得较高的一首。从来诗人看到杏花,都为它们的弱胎艳质伤感动情。其实诗人们哪里知道,杏花的品韵非常灵通,是其他花色难以比肩的,因为杏花具有"解笑"与"解语"的本领。不信你听那一群懒莺正与杏花在喃喃私语呢。

杏花不仅能解笑、解语,还能解人。北宋王禹偁《杏花》:"陌上缤纷枝上稀,多情犹解扑人衣。"这是多么鲜活的比拟。王禹偁还有一首送人的杏花诗:"副使官闲花亦冷,至今未有一枝开。"这棵杏树不仅能解人,简直是多情过度了。看到主人不受重视,无人理睬,它也不肯开放一枝杏花。金代元好问《赋瓶中杂花七首》之七:"看看海棠如有语,杏花也到退房时。"这里说的是海棠新开,如有话说,而杏花能知趣地"退房"而去,那不正是"解语花"?

花能解笑、解语,是唐人常用的说法,意谓花有灵性,能与人进行心灵上的沟通,其实是说花色照人,能让人消愁解闷、豁然开朗。花能解笑,是因为花能笑、花含笑,所以才解人笑,如唐代薛能《杏花》就说过"乱向春风笑不休"。其实能解笑的不单是杏花,"群花"都能解笑。唐人李敬方《劝酒》:"不向花前醉,花应解笑人。"李中《题吉水县厅前新栽小松》:"群花解笑香宁久,众木虽高节不坚。"宋人王周《小园桃李始花,偶以成咏》:"桃李栽成艳格新,数枝留得小园春。半红半白无风雨,随分夭容解笑人。"有的诗人嫌花解语多事,宋代陆游《闲居自述》:"花如解笑还多事,石不能言最可人。"

花能解语,即所谓解语花,是孤独文人的美好想象。李涉《遇湖州妓宋态宜二首》之二:"陵阳夜会使君筵,解语花枝出眼前。"花解语常常与莺解语相连用。如元稹《独醉》:"桃花解笑莺能语,自醉自眠那藉人。"周朴《春日游北园寄韩侍郎》:"多情舞蝶穿花去,解语流莺隔水闻。"

春　晚

[唐]崔道融[1]

三月寒食时，日色浓于酒。落尽墙头花，莺声隔原柳。

【注释】 [1]崔道融：荆州江陵（今湖北江陵县）人，晚唐诗人。官至右补阙，后避居于闽，因号"东瓯散人"。与司空图为诗友，人称"江陵才子"。

【品析】 这首诗也没有提到花名，因为是寒食时节花，又有莺声、杨柳意象的陪衬，可知写的就是杏花。杏花一般在农历二月开放，到寒食时节，基本处于尾声。

诗人对落花的写法也是很有讲究的，以出墙的杏花枝来展现落花，是晚唐诗人的独创，有现代电影学理论里聚焦与特写镜头的效果。韩偓《残花》与此诗有异曲同工之妙，他笔下的"空枝"意象就更醒目。墙头花，本是非常惹眼的景象，诗人常用拟人手法来展露杏花主动示美与出墙的"心思"。因杏花已落，莺鸟则飞去柳烟外。诗中不仅有莺也有柳，更有"红杏出墙"的景象。

书　景[1]

[宋]苏泂[2]

黄衣莺子一双飞，飞到花间立少时。此际东风有情思，杏花吹折最繁枝。

【注释】 [1]书景：用诗来吟咏所见之景。"书"作动词，如陆游有诗《书愤》。 [2]苏泂（jiǒng）：生卒年不详，约1200年前后在世，字召叟，山阴（今浙江绍兴）人。曾从陆游学诗，与之唱和者有辛弃疾、刘过等。有《泠然斋集》。

【品析】 黄莺鸟双双飞到杏花枝上，你看它们在那儿稍事停留，窃窃私语，显得多么亲昵。这时东风也特意赶过来，为它俩喝彩。风儿因为过于激动，只可惜将那最繁盛的杏花枝吹断了，落花散落一地。

这是诗人观景时发现的大自然生动的一幕。两只鸟儿正在"秀恩爱"，谁知刚好一阵风过，将花枝吹折。诗意的理解即刻形成，这风恐怕是为了多情的鸟儿而来的吧。结局有得有失，风助鸟情真有意，折断花枝惹人怜。不过，繁花飘落的盛况，也刚好可为鸟儿更添一团喜气。为什么最繁枝容易被吹断呢？因为疏处易过风，繁花似锦障，风不吹繁又吹谁！李商隐《天涯》："春日在天涯，天涯日又斜。莺啼如有泪，为湿最高花。"此处最高花不就是最繁枝么？

2. 燕与杏

[明] 陈洪绶《杏花小鸟图》

杏花开时燕子来，杏花红色燕子黑，杏花无语燕呢喃，杏花泥作燕子巢——这些都是杏花与燕子作为审美伴侣的成因。王维《春中田园作》已将"村边杏花白"与"归燕识故巢"纳入同框。杏花诗词中，燕子意象常被引入，如南宋方岳《次韵赵尉》："杏寒春且住，芹老燕初来。"黄庚《春日即事》："红杏花繁蜂蜜饱，碧芹香老燕泥干。"陈郁《莺燕》："红杏墙连柳外门，春风池接暖烟村。"张辑《画蛾眉·寓豆叶黄》："清明小院杏花开，半启朱扉燕子来。晓起梳头对玉台。照香腮，羞睹惊鸿瘦影回。"在明清的杏花绘画和民间工艺中，"杏林春燕"是一个常见主题。

杏　花

[唐] 郑谷

　　不学梅欺雪，轻红照碧池。小桃新谢后，双燕却来时。香属登龙客[1]，烟笼宿蝶枝。临轩须貌取[2]，风雨易离披。

　　【注释】 [1] 登龙客：本指"李膺客"，即名门之客。这里指科举考中之士。[2] 临轩：本指皇帝不坐正殿而御前殿。这里指靠着窗子。貌取：描画形象。

　　【品析】 诗中"不学梅欺雪"一句暗示所写的杏花为红杏花，而非白杏花，即"轻红"。桃花开放比杏花略迟，这里说"小桃新谢后"，说明是"桃杏新谢后"，所以杏花只剩"余香"了。此时，正是燕子归来的时候。燕子与杏花、桃花都常在诗中结对出现。燕子来时，需要垒巢、孵化、育儿，所以停留的时间相对较长。而杏花、桃花都是易逝之物，虽然桃杏同来，却比燕子先去。鸟儿到来时都是成双成对的，因此称"双燕"，而蜂蝶多是"成群"而至。

蝶恋花·寒食

[宋] 毛滂[1]

　　红杏梢头寒食雨。燕子泥新，不住飞来去。行傍柳阴闻好语。莺儿穿过黄金缕。　桑落酒寒杯懒举[2]。总被多情，做得无情绪。春过二分能几许。银台新火重帘暮[3]。

　　【注释】 [1] 毛滂：字泽民，衢州（今属浙江）人。生于"天下文宗儒师"世家。自幼酷爱诗文词赋，受苏轼兄弟赏识。曾任郢州县尉、秀州知州等。有《东堂集》。[2] 桑落酒：古代名酒，产于今山西运城，用桑落泉水精酿而成。 [3] 银台新火：指寒食节结束时，由宫中外放火种。

　　【品析】 这首词中，不仅有燕泥，还有莺儿，有柳枝（"黄金缕"），有寒食雨与酒，有清明火，相伴的春天意象非常密集。"红杏梢头寒食雨"一句最有韵味。元代刘秉忠《山洞桃花》化用了这句诗："山村路僻客来稀，红杏梢头挂酒旗。

洞里桃花人不见，春心春色只春知。"明代唐寅《题杏林春燕二首》原样借用了刘秉忠的这一句。

"红杏梢头"一词最早出自欧阳修《蝶恋花》："红杏梢头，二月春犹浅。"后来的诗词也偶用之。苏轼《蝶恋花》："杏子梢头香蕾破。"南宋喻良能《二月十五日陪府公出郊劝农》："红杏梢头春意好，绿杨深处鸟声新。"朱淑真《眼儿媚》："绿杨影里，海棠枝畔，红杏梢头。"赵彦端《点绛唇·瑞香》："晚寒谁见。红杏梢头怨。"

锦缠道·春景 [1]

[宋] 佚名

燕子呢喃，景色乍长春昼。睹园林、万花如绣。海棠经雨胭脂透。柳展宫眉，翠拂行人首。　向郊原踏青，恣歌携手。醉醺醺、尚寻芳酒。问牧童、遥指孤村道，杏花深处，那里人家有。

【注释】 [1]这首词首出自南宋词选《草堂诗余》。明初《草堂诗余》列无名氏之作，而嘉靖本（1550）《类编草堂诗余》题作宋祁（996—1061）之作。其时，还有其他书则署名为晏几道。

【品析】 这首词上片写春景，下片写春游，最后几句化用《清明》诗的痕迹非常明显。"燕子呢喃"，着眼的不是它的颜色，而是声音。

虞美人·寒食太原道中 [1]

[清] 朱彝尊 [2]

去年寒食横汾曲 [3]，晓雨平芜绿。今年寒食尚横汾，又听饧箫吹入杏花村 [4]。　古今多少横汾客，饮马台骀泽 [5]，并州虽好不如归 [6]，输与一双新燕旧巢飞。

【注释】 [1]这首词选自清代《山西通志》卷二百二十六。 [2]朱彝尊（1629—1709）:字锡鬯（chàng），号竹垞，秀水（今浙江嘉兴）人，清初著名诗词家、学者、藏书家。曾参与纂修《明史》。著作等身，有《曝书亭集》《词综》等。 [3] 横汾曲：乐府曲。汾河，在山西境内。 [4] 饧（xíng）箫：卖杏饧者所吹的箫。饧，这里指杏酪汤之类的冷食。 [5] 台骀（dài）：上古时代成功治理江河的创始者，这里指河边。 [6] 并州：今山西太原，指代思乡。唐代诗人刘皂《旅次朔方》："客舍并州已十霜，归心日夜忆咸阳。无端更渡桑干水，却望并州是故乡。"

【品析】 这首是一首羁旅词，写自己两度寒食节两渡汾河的复杂心情。上片写客中经历，下片写思乡，用杏花村饮酒和"一双新燕旧巢飞"相呼应，营造出乡愁眷眷的情思，其中的杏花村意象引人遐思。山西汾阳自古出好酒，名曰汾酒，但史上并没有一个杏花村，且有专家考证，杜牧并没有涉足过汾阳。直到二十世纪，汾阳方面才"认定"杜牧《清明》诗是写当地的杏花村，至今宣传效果甚佳。这首词所写也正在"太原道中"，离汾阳不远，而词中又说"吹入杏花村"，所以当地或有杏花村。

其实未必如此，因为此词所用只是文学意象，乃寒食节觅杏花村酒家而已。而且，汾阳的杏花村文献除此一例之外，前后均属空白。与之相比，贵池杏花村从明代初年以来，早已与杜牧《清明》诗无缝关合，文献如流水，汤汤（shāng）未绝。

3. 鸠与杏

鸠与杏的文学比类，是从自然到人文的天然转换。鸠鸟喜欢在杏花枝上鸣叫，尤其爱在雨前雨后叫唤，所以形成了"鸠声唤雨"的主题，鸠被称为雨候，如陆游《临江仙·离果州作》词："鸠雨催成新绿，燕泥收尽残红。"鸠鸟的体形比莺、燕大，叫声比莺、燕低沉浑厚，更能引起人们的注意。

春中田园作

[唐] 王维

屋上春鸠鸣，村边杏花白。持斧伐远扬[1]，荷锄觇泉脉[2]。归燕识故巢，旧人看新历。临觞忽不御[3]，惆怅远行客。

〔清〕邹一桂《花鸟》，见于山西诚信 2006 年秋季书画艺术品拍卖会

【注释】 [1] 远扬：又高又长的枝条，多指桑树枝。语出《诗经·豳风·七月》："蚕月条桑，取彼斧斨。以伐远扬，猗彼女桑。" [2] 泉脉：地下伏流的泉水，类似人体脉络。《黄帝内经·灵枢·邪客》："地有泉脉，人有卫气。"觇（chān）：探看，观测。 [3] 临觞（shāng）：对酒。觞，酒杯。不御：放下杯子。

【品析】 春天来了，本应有个好心情。屋顶上春鸠在鸣叫，村边的杏花开得一片洁白。农事日繁，砍去桑树多余的高枝，挖开泉水的出口来。归燕飞回了旧巢，农人看着日历来安排春耕了。然而，诗人看到这一切，端起酒杯却又放下，惆怅之情顿然升起。最后一句，还可以理解为：不知老朋友都去了哪里，我一个人在这里饮酒，实在难以下咽。

这是较早咏杏花的唐诗。此前北朝庾信《杏花诗》已经提到了"杏花红"："好折待宾客，金盘衬红琼。"王维此诗首创"杏花白"。韩愈《杏花》给二者进行了"调色"："杏花两株能白红。"从此，杏花基本定色：白红之间。

这首诗不只为杏花色彩进行了定位，另有两只鸟儿也因此与杏花意象结缘：鸠唤杏花雨，燕啄杏花泥。鸟儿的出现让杏花审美从静态转移为动静相生的和谐境界。

阮郎归·咏春

[宋] 赵长卿 [1]

和风暖日小层楼，人闲春事幽。杏花深处一声鸠，花飞水自流。 寻旧梦，续扬州。眉山相对愁。忆曾和泪送行舟，清江古渡头。

【注释】 [1] 赵长卿：生平事迹不详，号仙源居士，南丰（今江西抚州）人，宋代词人。纵游山水，遁世隐居，晚年孤寂消沉。有《惜香乐府》。

【品析】 词的上片写花飞水流的春景，下片写人去渡空的春愁。"杏花深处一声鸠，花飞水自流"一句有色彩，有动静，犹如一部影视小品，是春意正浓的绝佳写照。所谓"一声鸠"既是鸟叫声，也表达了鸟飞的动作，因为鸟飞震动枝条，导致杏花飞落，花落水自流！

李清照《一剪梅》"花自飘零水自流"是历来传诵的名句。赵长卿与李清照生当同时，他也有"花飞水自流"的创意。另据释惟白《续传灯录》所载，南宋初年温州龙翔竹庵士珪禅师"上堂：见见之时，见非是见。见犹离见，见不能及。落花有意随流水，流水无情恋落花"。

鸠鸟是春景中常见的元素，诗人发现，鸠鸟喜欢于雨中鸣叫。宋代诗人如陆游《雨中作》："泥滓将雏鸭，林樊唤妇鸠。"高观国《凤栖梧》："云唤阴来鸠唤雨。"李曾伯《沁园春》："柔桑外，听鸣鸠唤雨，全胜流莺。"明代沈周有《鸠声唤雨图》，有自题诗："空闻百鸟声，啁啾度寒暑。何似枝头鸠，声声能唤雨。"

陪郡侯出郊劝农[1]

［宋］洪咨夔[2]

山青未了晓光开，鸠唤鸠应雨又催。消得犊车泥滑滑，此行不为杏花来。

【注释】[1] 这一组诗共有六首，此处选读第二首。 [2] 洪咨夔 (1176—1236)：字舜俞，号平斋，於潜（今浙江杭州）人，南宋诗人。嘉泰二年 (1202) 进士，授如皋主簿，后为饶州教授。

【品析】 这是一首劝农诗，化用了苏轼的"我是朱陈旧使君，劝农曾入杏花村"。初春时节，山渐渐青了，天刚亮的时候，我陪着郡守下乡。田野里斑鸠鸟相互呼应着，雨下了又停，停了又下，一派春耕在即的景象。路上一片泥泞，那只拉车的小牛都陷进泥中去了，动不了身子。远远看去，村子里杏花红似火，可路太滑，我们难以入村。不过本来我们就不是为了观赏杏花而来的。

杏花时节，"鸠唤鸠应"是下雨的前奏。而这首诗中的官员碰到"泥滑滑"的村路，别说看杏花了，连行走都很困难，所以自嘲说："我是来工作的，不是来看杏花的，这路真不给力啊。但我知道，雨水充足路才会滑，我行走不便没关系，只要春耕进展顺利比什么都好！"